卡牌赋

众生俱苦 圣贤亦忧
卡牌在手 万古无愁 读心引路
牌阵释结 精骛入秘 心游同体
六字真言 一语穿心 色光呼啸
魂魄蒸腾 天涯陌路 转瞬知音
诸天上下 古今唯有 其大无量
其深无垠 道法护佑 此术通神

性格色彩卡牌指南

乐嘉 著

陕西新华出版
太白文艺出版社·西安

果麦文化 出品

序：不世奇宝，到你身旁

如果你现在有读懂人的强烈需求，如果你现在有与别人处好关系的强烈需求，那么我确信，接下来我向你介绍的这个宝贝，就是你需要的，是你必需的，甚至，是你急需的。

"读懂人"，范围很广。

- **你教不会儿。** 儿子天天跟你对着干，你说东，他向西。你事业成功，众人艳羡；他败家惹祸，烂泥扶不上墙。没人知道，教育孩子，一直是你最大的痛。你想知道儿子为什么会变成这样。
- **你想不通郎。** 你想在他下班后和他聊聊，他总说："不想说，说了你也不懂。""上一天班很累，安静点吧。"你想知道他是真累，还是外面有人。
- **你追不到爱。** 你想追她，但不知从哪儿入手，怎么打动、如何接近她。你做梦都想知道，怎样才能让她愿意跟你结婚。
- **你摸不透上。** 你多做多错，少做更错，横竖老板不满意，主动做事找死，不主动做事等死。他总说"要你有什么用""你完全不懂我要什么"，你很苦恼、很困惑，你想知道他为何变来变去，到底希望你做什么，希望你做到怎样他才满意。

- **你管不好下**。你下达一句指令，有的人能听懂，有的人听不懂，你费心去教他们，结果执行起来效率不高，也常常达不到你想要的结果。你不知道问题出在哪里，你渴望与他们高效沟通，提高他们的执行力。
- **你找不到人**。正准备创业，你每天招兵买马，要面试大量的应聘者，如果看人看走眼，要付出的代价，怕是会让你将上辈子的老本都赔进去，你想知道怎样可以找到性格合拍、意气相投的长久合作伙伴。

"搞定人"，应用更广。

- **你伙伴想要离职**。如果真走了，不仅军心动荡，而且元气大伤，没有五年，缓不过来，你想说服他留下。
- **你客户被人抢走**。对手的产品和你的差不多，价格也差不多，但人家更会搞关系，你想巩固和客户的情感，但没有好办法，你想抓住客户的心，留住客户。
- **你好友在家自闭**。不愿和外界接触。你时常为他担心，怕他万一想不开，后果不堪设想，你想帮他走出抑郁的阴霾。
- **你妹妹情路坎坷**。屡次分手未果，她要死要活，割腕吃药。你费尽心力劝说她，你想让她学会为自己负责，好好理顺自己的生活。
- **你女儿不肯上学**。你不知她到底是受了霸凌，还是在学校受到什么压力。你希望她重拾童真，像普通孩子一样快乐生活。
- **你爹娘吵了一生**。现在，子女都大了，老两口吵得更是不可开交。你回去看他们，心烦；不去看他们，担心。你不知他们吵架的症结在哪里。你希望帮他们调和，让他们和谐相处，别再折腾了，好好安度晚年。

不过，除了以上这些，有件事对你来讲，可能更紧迫。

那就是，你最想帮的，其实是你自己。

- **你中年危机环绕**。上有老下有小，听说别人事业成功，你心乱不已，你感觉同龄人正远远将你甩在身后。
- **你婚姻寡淡无味**。离婚代价太大，不离心有不甘。
- **你事业动荡迷茫**。不知自己是谁，焦躁与恐慌交织；不知自己该去哪儿，到底该做怎样的抉择。

再说下去，就没底了。因为，生活的烦恼，太多。

♣■▲●

在本书中，会有不少已学会这个宝贝的高手分享怎样用它帮助人们从痛苦、迷茫、困惑、彷徨、绝望中走出。这些所遇之疑难杂症，或许你曾遇到，或许你正遇到，或许你将遇到。

说了半天，这个宝贝到底是什么？

自从我 2000 年开始研究性格这门学问以来，我发现，性格色彩学早已跳出单独的"术"，内中藏有自成体系的哲学思维，性格色彩自有其"道"。

老子《道德经》有云："知人者智，自知者明，胜人者有力，自胜者强。"这话，人们也许耳熟能详，但也只是嘴上说说，因为人们并不知道如何知人，如何自知，如何胜人，如何自胜。而在性格色彩学体系中，有完整的四大专业，分别是：洞察（怎样读懂他人内心）、洞见（怎样发现真实的自己）、影响（怎样与他人和谐相处达成目标)、修炼（怎样成为最好的自己）。这四大板块刚好与老子的学说相对应：洞察——知人者智，洞见——自知者明，影响——胜人者有力，修炼——自胜者强。

"术"有了，最重要的"道"也有了，可总感觉还缺点儿东西，这个东西就是"器"，而这个"器"，就是我要向大家介绍的宝贝——"性格色彩卡牌"。

我因做电视节目，江湖上有了虚名后，有时，和各路前辈或达官巨贾聚餐，人家会很客气地问："何谓性格色彩？难道性格亦有色彩？"于是，我一本正经地解答："色彩只是一个符号，性格色彩是性格分析的学问，可以帮助每个人了解自己和他人。"紧接着，一定会有人问："原来如此，依阁下看来，区区在下当属何色？"我只能凭借自己的洞察力，捕捉细节，分析一二，然后众人赞叹一下我的"神奇"，形式上吹捧几句，再然后，话题就转移到别的地方去了。

有了"术"，有了"道"，但我试了无数方法，还是没找到一个我心目中更快的，能让人们瞬间产生强烈兴趣的最理想的切入口。

皇天不负有心人，多年努力没白费，十年磨一剑的"性格色彩卡牌"问世后，问题迎刃而解。

现在，再有如上场合，我的做法是，拿出卡牌，对众人说："既然如此，我们来看看你是否认识真正的你自己。"结果，整晚大家啥都不干，所有人都在那翻来覆去摆牌，然后，对照和交流，此外，还有种做法，那就是随便找席间的陌生人做"读心"游戏，用任意2张牌解读性格和内心，结果，竞相参与，不亦乐乎。

经过几次实践，我恍然大悟，对心事重重、见多识广的老年男士来讲，实用主义才是更好的选择，没人喜欢听长篇大论，听我讲完几句性格色彩，评论多了会露怯，评论少了显得不够见多识广，既然如此，宁可正襟危坐，颔首微笑。可现在不同了，游戏是天性，无论男女老少，卡牌能让人人都参与到这场自我探索的游戏中。须知，世人无论高低贵贱，对"我是谁"这个问题，都兴致勃勃。苏格拉底在墓碑上刻了四个大字"认识自己"，这件事的意义，老先生已经说得很明白了。

♣ ■ ▲ ●

几天前，一位刚学完"性格色彩Ⅱ阶课程"的学员，十分欣喜地告诉我们，她在一个饭局上给代理商团队的员工做了卡牌解析。饭后第二天，代理商的老大单独约她，想请她用卡牌摆个牌阵，梳理他和在国外留学的儿子无比头痛的关系问题。要知道，人家官比她大三级，平常连个说话机会都没有，而这次，她靠一副卡牌出奇制胜，成功吸引了大老板的关注，获得了晋升。

在这本书里，我会把刚才说的这些入门方法毫无保留地教给你，即便你是"菜鸟"，也可以立即使用。那么，性格色彩卡牌，到底对你有哪些用处？刚才提到的那些，不过是卡牌的一种读人本领而已。总结起来，对个人而言，卡牌最少能做四件事：

1. **读人**：有了卡牌，你可在任何场合，迅速解读对方，让陌生人对你敞开心扉，相互交心，引为知己。
2. **识己**：通过12张卡牌正反面的选择和排列组合，可快速判定自己的性格。此外，牌面还会显现长处和短板，通过一副卡牌，推演过去状况，说明现在心态，预测将来行为。
3. **修炼**：卡牌可呈现你性格的两个时态：过去的你和此时的你。同时，卡牌可帮你随时随地自我提醒，发现自己的问题，知道调整的方向，以及怎样成为最好的自己。
4. **影响**：作为一个简便易行的咨询工具，无须专业心理学基础，无须长时间学习，你就可用卡牌为他人一针见血地找到问题的症结，分析问题，且迅速提出解决方法。

总之，性格色彩卡牌可以让每个人"知过去，晓现在，见未来"。从未接触过性格色彩的人很容易立即武断地下定论，觉得我是故弄玄虚、虚张声势，把性格色彩与紫微斗数、星象命盘、各种玄幻命理混为一谈。到底能不能达到这些功能，是吹牛吧？

无须多言，我们已经培训出来的数千名性格色彩卡牌咨询师，就是最好的见证！但是，想要更娴熟地使用这个工具，就必须反复操练，这和练习魔术的道理一样，莫要幻想掌握一门本领会有什么捷径。

♣ ■ ▲ ●

性格色彩卡牌，易学难精。看完本书，掌握书中知识，你便可以用卡牌测试自己的性格，了解自己，也可以用卡牌测试他人的性格，理解他人，甚至还可以让别人选他眼中的你，借他人之眼，看清你自己，十分简单，非常有趣，其中亦有深意。

但是，你想真正驾驭这个宝贝，未来的学习道路上，还会有三个层次的递进：卡牌玩家—卡牌咨询师—卡牌教练。本书中会有详细介绍和案例展示，助你一窥门径。

阅读本书，无法一窥卡牌的全部奇妙，但可抛砖引玉。我会深入分析性格色彩卡牌的发明原理、理论基础，逐个分解卡牌咨询师的功力如何练就，也会展示卡牌咨询师的神奇，让你在读本书的过程中，边阅读边行动。

不仅是个人，企业也需性格色彩卡牌。所有企业都离不开管理，所有管理都离不开人，所有人的问题都与性格有关，所有性格问题，都可用卡牌来快速切入和解决。

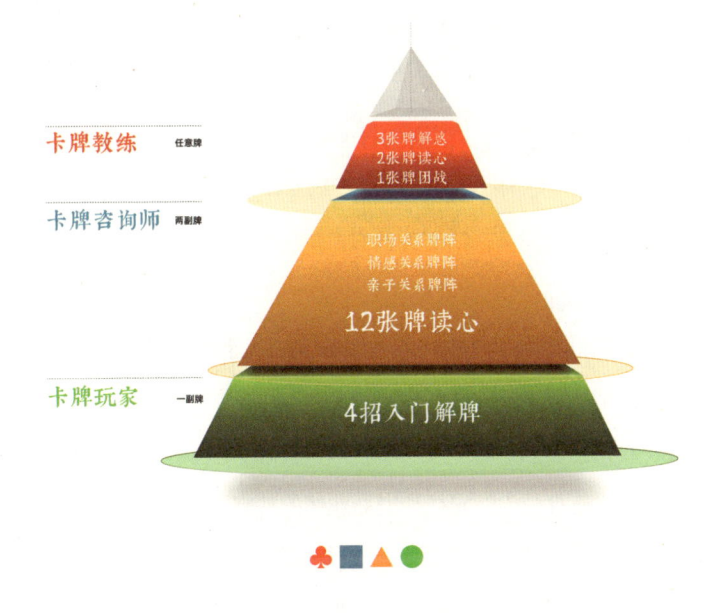

这些年，我常收到读者询问："乐老师，今天我去一家公司面试，对方用的是你的性格色彩测试题目，你说我能不能被录取啊？"每次，我的回复就一句话："如果他们的面试官学过性格色彩，而你确实适合那个岗位，你会被录取；如果他们没学过性格色彩，只是照抄了一套题目，即使你是良材美玉，可能他们也会错失你。"

这样说的原因是，多数公司都在用我 2006 年第一本著作《色眼识人》中的简单性格色彩测试题，这也是那套在网上铺天盖地、广泛流行的盗版测试题。他们看完书以后，自以为很懂，自己也不来学习，就用他们三脚猫的功夫理解性格色彩，得出一刀切的结论——会计要找蓝色性格，销售要找红色性格……他们既不知道牌主做测试题的准确度受多方因素影响，也不知不同性格都可后天修炼出某个职位要求的性格。所以，你遇到一个只会照猫画虎，生搬硬抄测试题的公司，只好自认倒霉。当然，从另一面来看，盗版多，也说明了性格色彩的巨大价值正被人们验证和认可。

"性格色彩卡牌"的面世，让盗版问题一去不返。这套卡牌，足以让卡牌直接区分牌主的话语真伪。最重要的是，"性格色彩卡牌"让性格色彩识人更加便捷、精准和快速。

- 在管理沟通上,"性格色彩卡牌"可作为一个长期的团队互动游戏,加入所有的团队拓展活动中去。它比其他任何游戏都更简单直观地让每个人看到自己和他人的关系。
- 在招聘面试中,"性格色彩卡牌"是迄今为止最快速有效的性格测试工具。是的,此处没有之一,卡牌可以帮助企业快速而精准地了解应试者。
- 对销售和客服等需要频繁与人交流的角色,"性格色彩卡牌"是快速打开人际交往和提高业绩的法宝。
- 对领导人和管理者而言,"性格色彩卡牌"可以帮助你知道如何激励和影响团队中的不同成员共同实现目标。
- 对创业者和投资人而言,"性格色彩卡牌"可以帮助你更好地相互配对,找到准确的商业搭档和合作伙伴,可以让你随时随地自省,确保方向不出现偏差。
……

OK,闲话少叙,切入正题。接下来,让我们一起进入这个宝贝的探索之旅。

乐 嘉

目录

上篇 新手入门

第一章 性格色彩卡牌原理

01 性格色彩卡牌缘起   004
02 性格色彩卡牌初见   011
03 性格色彩卡牌速记   014
04 性格色彩卡牌漫画   020

第二章 性格色彩卡牌测试

01 测试基本规则   032
02 测试常见问答   036
03 测试三种形式   039

第三章 性格色彩卡牌解释

01 红色性格牌释   042
02 蓝色性格牌释   048
03 黄色性格牌释   054
04 绿色性格牌释   060

下篇　解牌之路

第一章　初学者入门破境"四板斧"

　　01　一板斧：首四攻心　　　　　　　　070
　　02　二板斧：末四寻爱　　　　　　　　072
　　03　三板斧：互四亲密　　　　　　　　074
　　04　四板斧：最二团队　　　　　　　　076

第二章　卡牌读心——一副牌探索人心奥秘

　　01　12张牌读心的解读规则　　　　　　080
　　02　12张牌读心的常见问答　　　　　　087

第三章　卡牌读心十二探

01　为什么小时的我和现在的我不同　　092
02　为什么我看的我和他看的我不同　　096
03　为什么表面的我和内在的我不同　　100
04　为什么自知的我和真实的我不同　　105
05　为什么真实我和想要的我不同　　112
06　为什么工作的我和生活的我不同　　116
07　为什么恋爱的我和单身的我不同　　121
08　为什么我认同的和我喜欢的不同　　126
09　为什么我能做的和他能做的不同　　130
10　为什么我痛恨的和他痛恨的不同　　134
11　为什么婚前的他和婚后的他不同　　138
12　为什么理想的他和真实的他不同　　143

第四章 关系牌阵——两副牌处理人际困惑

01 8张牌O型牌阵
　　——搞定情感困惑的无价之宝　　148

02 8张牌V型牌阵
　　——修复家庭关系的奇妙物语　　158

03 5张牌X型牌阵
　　——提升团队战力的神枢鬼藏　　168

第五章 特殊牌型——任意牌化解人间烦恼

01 3张牌解惑
　　——人生关键点，扶君上青云　　180

02 2张牌读心
　　——相识满天下，唯你最知心　　190

03 1张牌团战
　　——围炉话真心，群卡举座惊　　199

附一　性格色彩系列课程介绍　　209
附二　性格色彩卡牌星球介绍　　214
附三　乐嘉与性格色彩大事记　　215

上篇

新手入门

性格色彩识人 I阶 初觉

看谁看懂

第一章

性格色彩卡牌原理

01 性格色彩卡牌缘起

"性格色彩卡牌"与其他类型卡牌的区别

"卡牌"之说,源于游戏道具,指的是一些特定卡片,玩家通过收集和使用这些卡片,可以在游戏中获胜。

广义而言,"卡牌"包含我们常见的扑克牌,桌游"三国杀",及所有游戏用的纸牌或卡片。

卡牌最早可追溯到秦末,据说楚汉相争时,韩信为缓解士兵思乡之愁,发明了"叶子戏",这套用丝绸和纸做成的卡片之上有图案,用来打牌放松。因牌面仅树叶大小,故被称为"叶子戏"。12世纪,马可·波罗将这种纸牌带到欧洲,最终演变成风靡西方的扑克牌。

除了游戏用的卡牌,还有一种"卡牌"——塔罗牌,亦有悠久历史,作为西方古老的占卜工具,中世纪流行于欧洲,直至今日,仍被广泛使用。

但是,性格色彩卡牌既非游戏,也非算命,而是一套科学的性格分析工具。

性格色彩卡牌与市面上流行的其他卡牌最大的区别在于:**性格色彩卡牌是一个实用心理学工具。**

性格色彩卡牌发展史

性格色彩卡牌本质是一套性格评测和性格咨询的工具，其形式为带有性格色彩漫画和性格特征描述的卡片。

从性格评测到性格解读与咨询，性格色彩卡牌的发展分为三个阶段。

第一阶段：测试题阶段

早在 2001 年，我创立性格色彩课程时，就在考虑，是否可用卡片的形式，让学员更容易理解不同性格间的差异。

性格色彩学是一门实用心理学，它将人的性格分为红色、蓝色、黄色、绿色四种类型，色彩仅仅是一个代号。

在 2001 年性格色彩第一版本的课程中，有一套性格色彩专业测试题，共 400 分，可测出人类四种性格色彩的倾向性。每道题四个选项，分别代表红色、蓝色、黄色、绿色。最终根据选择对应色彩的选项，来判断牌主（被测者）的性格色彩。

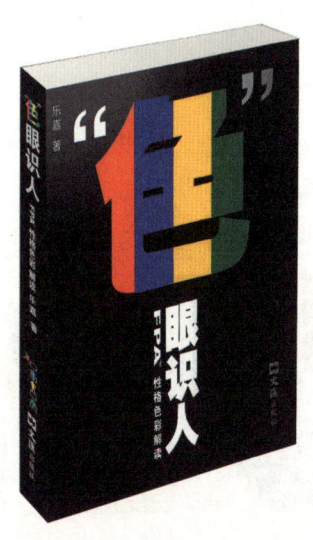

《"色"眼识人》，文汇出版社，2006 年出版

在2006年性格色彩学的第一本著作《色眼识人》面世时，为了方便读者的快速入门，我将教学培训中的400分题目，简化为总分为30分的题目，共30道选择题。迄今为止，在网上广泛流传且被无数公司拿去作为员工招聘测试所用的题目，就是书中那套。

第二阶段：明信片阶段

在性格色彩的研究和教学中，我一直在思考：如何才能让性格色彩成为大众喜闻乐见的一个工具，让大家在分享性格色彩时，可更加简便、轻松、好玩，化高深为平实，所谓"大道至简"。

心理学的其他门派，亦有不少用来作为教学和咨询辅助工具的卡片，大多以潜意识投射作为理论基础，卡片上图案的主要作用是刺激人的联想和想象。

而我想做的这套卡片，从原理而言，更为简单，每张卡片都有一个性格特点的描述，任何人看到后，观省自身，确认自己是否有同样的特点。这样的好处是，每张卡片，以对应的色彩为标识，只要选出符合自己性格的卡片，看哪种色彩的数量最多，即可知晓性格倾向。

2004年，性格色彩第一套卡牌——"性格色彩色卡"横空出世。其包含54张卡片，明信片尺寸，正面是漫画和对应性格特点，反面填写祝福语，可作为明信片使用。

色卡作用很多，其中最重要的一项，是作为卡片形式的测试使

用。从一套性格色彩专业测试题，演变到 52 个性格特点的文字描述，其中走过一条艰辛的道路，有时为了一个字的拿捏推敲，要"吟安一个字，捻断数茎须"。

第三阶段：扑克牌阶段

2005 年，在收集各方对色卡使用意见后，研发了第二代卡牌产品——性格色彩扑克牌。这次，我直接使用了扑克牌的形制，把性格特点和漫画印制在上面，既可完成测试功能，也可作为扑克游戏。

2006 年，《色眼识人》的面世，对性格色彩学的广泛传播具有标

志性意义。那本书中，我提出红、蓝、黄、绿四种性格中，每种性格的 16 大优势 16 大过当（局限）。也就是，将性格特点的专业描述，扩充到了 128 个词语，并针对每个词语举出工作、生活、情感、家庭等各方面的具体案例。

2007 年，性格色彩扑克牌，从单副 54 张扩展到双副 108 张——一副优势、一副局限，扣除掉两副牌的大、小王，其中包含了最新提炼总结出的 104 个性格特点。

第四阶段：卡牌阶段

2014 年，随着性格色彩的广泛传播和在各领域的应用，更多人开始问我，作为性格色彩爱好者的一分子，能否不看书，不听课，也有方法快速让身边的人了解性格色彩。

于是，性格色彩研究组经过九个月研发，推出了第三代性格色彩卡牌。

第三代卡牌最震撼的地方有两点：

1. 仅 12 张卡片，通过正反面的选择和排列组合，就能测出性格。这就意味着，性格分析进入了"光纤"时代，它将人与人之间的沟通速度提升了几个量级，真正做到了让人与人之间"秒懂"；

2.性格色彩卡牌真正实现了测试、解读、咨询三合一。之前的测试卡片仅仅只能用来作为分享交流和评测之用,而性格色彩卡牌不仅可以评测,还可以有千变万化的解读方式以及对问题由浅入深的咨询,其中咨询更是可以从个体咨询延伸到关系咨询和团体咨询。

我忘不了,那一天,当第一套性格色彩卡牌样品生产出来后,我给自己做了一次测试。在此之前,我也没有足够的把握,但当我亲自体验了一遍卡牌的神奇之后,我禁不住对卡牌师总督导小卷说:"这可能是性格色彩诞生以来最伟大的发明!"

我忘不了,当我第一次拿着它给一个朋友做分析时,一个老男人突然流下热泪:"太准了!这么多年,从来没有人能真正明白我……谢谢你……"

我忘不了,当第一期性格色彩卡牌咨询师课程结束后,读到学员来信时的感受。其中有位年轻的心理咨询师说:

有了性格色彩卡牌,我能更高效地做咨询,甚至有时,我出场一次获得的咨询报酬高于我所交学费的好几倍。但我觉得最大的收获,并非物质,而是来访者的深度信任,让我有幸成为一个对社会有价值的人。

当他们主动地把身边的朋友介绍给我,并告诉朋友"这个老师算牌看人很准,能帮你看透你的内心"的那一刻,我的成就感和价值感,获得了巨大满足。这种内心生长出来的力量,又推动我更加卖力地去"拯救"更多生活在水深火热中的人,偶尔,还有内裤外穿的超人感。虽然现实中的我微不足道,但这种"我很重要"的感觉弥足珍贵,在我过往的人生经历中从未出现。

还有一位医疗器械公司的资深讲师,十分欣喜地告诉我,她将卡牌用于新员工培训。卡牌一摆,每个团队成员的情况一目了然,团队领导也秒懂众人真正所需，用何方法激励即可卓有成效，事半功倍。

团队中的一位老师告诉我，他拿到卡牌后，兴致勃勃地去岳父家，给岳父大人测牌。因岳母性格强势，岳父在家少语寡言，素来，他对岳父的性格一直好奇。当岳父选择一张"乐于分享"的卡牌时，岳母近身，凑过来一看："老头子，就你还乐于分享？在家里像个闷葫芦，真的乐于分享就好啦。"没想到，一向老好人的岳父突然爆发："我怎么不乐于分享了？你知道我在外面什么样子吗？在家里我一说话你就批评，我怎么分享？你知道我为什么一把年纪还要开'滴滴'吗？我又不缺那个钱！还不是想找人聊天！"一向得理不饶人的岳母瞬间石化，同事见状亦瞠目结舌。没想到一张小小的卡牌，竟可助岳父一扫多年压抑之气，吐胸中万丈长虹。随后，全家人忙作一团，帮助二老将彼此的不满都心平气和地说出来。之后，全家融洽指数暴涨，远胜之前假装和谐百倍。

最神奇的是，一位性格色彩卡牌咨询师课程的学员，从事销售工作，学完给一家世界500强医药企业也是他最重要的客户单位的几个员工做了卡牌测试。

三天后，客户相邀，公司瑞士总部过来的老外总监想见面让他给自己做卡牌分析。见面后，通过一小时的分析和咨询，参加过无数商学院性格分析培训课程的老外心悦诚服地说："So accurate, so amazing, unimaginable!"（"太准了，没想到这个卡牌这么准，无法想象！"）此后，他与这家公司的合作从短线散单变成固定的长线合作。

噫吁嚱，神乎其技，卡牌读人。

02 性格色彩卡牌初见

每副性格色彩卡牌，共 12 张。

每张卡牌正反面各有一个性格特点，12 张卡牌，含 24 个不同的性格特点。

性格色彩卡牌须以性格色彩原理为根基

性格色彩卡牌为何仅 12 张 24 面？

前一节说到，性格色彩第二代卡牌产品——扑克牌，已囊括了 104 个不同的性格特点，而第三代卡牌产品也就是现在通用的性格色彩卡牌，只有 24 个性格特点。作为一套测试工具，到底特点越多越好，还是越少越好？

答案是，各有千秋。

如果卡牌的特点很多，意味着把性格特点总结得特别细，如果你想花较长时间，与牌主慢聊细品，针对 104 个特点，反复探讨，性格色彩扑克牌是很好的工具。然而，现实中，人们不知性格色彩前，并不愿花太长时间去做性格测试，对连看剧都没耐心从头到尾而是用平板来刷的现代人来说，仅有 12 张 24 面的性格色彩卡牌，极具诱惑。

从 104 个特点的扑克牌优化为 24 个特点的卡牌，104 个特点的扑克牌，就相当于给牌主提 104 个问题，24 个特点的卡牌则相当于 24 个问题，问题越少，设计的难度和含金量越高。

为保证24个性格特点概括精准，性格色彩研究组收集了《性格色彩原理》、性格色彩色卡以及性格色彩扑克牌等所有性格色彩理论书籍及前几代工具归纳总结出的所有性格特点词语，结合性格色彩十五年来的研究案例，将所有性格特点词语重新排序、梳理和筛选，制作了一张性格色彩核心特点思维导图，把不同性格的特点按照彼此间的关联和层次，绘制在思维导图上，再集思广益，反复推敲出最核心的特点词语。

性格色彩卡牌须以性格色彩专业为依托

2018年，吾告知友人有意出版《三分钟看透人心——性格色彩卡牌秘籍》时，友人担心，卡牌重宝，性格色彩秘籍，一旦出版，会否广为盗版，性格色彩之秘天下皆知。

《三分钟看透人心》，中国画报出版社，2018年出版

我坦然回答：我的梦想就是惠及世人，如果一个东西很好，大家广为传播，争相使用，那正如我所愿。这本书就是把正版的方法告知世人，众人均已知晓，何须盗版？

但卡牌的深入运用，的确需要专业背景，需要对性格色彩的深入理解，否则解牌会如同空中楼阁一般，原因有二：

1. 性格色彩卡牌根植于性格色彩——一个我已经研发且推广二十多年的性格分析体系。通过大量实证和数据分析，将人的性格因素提取为若干因子，分别用经过反复琢磨的精准词语来概括。即便没有"卡牌"这个工具，性格色彩的力量本自具足。

2. 性格色彩卡牌12张卡片的24个词语，是从性格色彩近二十年研究的性格特征描述中筛选并概括的，是描述性格的最核心词语。

当然，性格色彩卡牌的功用，完成性格测试，仅是开了一丝门缝，进门后的诸般神奇，恭候您的探索。

- 不论你是否有性格色彩学习的基础，只要读完本书，就可以运用卡牌为自己或他人做简单的性格测试，三分钟内快速了解自己及他人的性格；更重要的是，你可以与他人"互测"，两人相互选出自己眼中的对方，再来"对答案"，你会发现，自己眼中的自己和别人眼中的你有哪些不同，或许，这一次卡牌，就会彻底改变你与他人的关系。
- 通过线上课程学习，结合线上实践，你可成为"卡牌玩家"，成为半职业的卡牌人。
- 当你完成性格色彩Ⅱ阶线下课程，可成为性格色彩卡牌分析师，随时随地运用12张牌读心分析法。
- 当你完成性格色彩Ⅲ阶线下课程，就可用关系牌阵解决关系问题，晋升为真正的卡牌咨询师。
- 当你有机会参加"卡牌教练"课程后，便可晋升卡牌最高殿堂，一人一卡，行走天下，无所畏惧。

如今，在《三分钟看透人心——性格色彩卡牌秘籍》的基础上，完善了这些年卡牌技术的最新发展和实践，我修订后，同时增补两章，再版，名为《性格色彩卡牌指南》，愿更多人一览性格色彩卡牌奥妙，从中受益。

03　　　　　　　　性格色彩卡牌速记

第一种分类方式：按色彩分

卡牌分红色、蓝色、黄色、绿色四类，每种色彩各6张牌面，牌面色彩即对应的这个性格特点的色彩。

♣红色6张牌面词语为：

乐观、乐于分享、他人认可最重要、主动帮助他人、随意、情绪化。

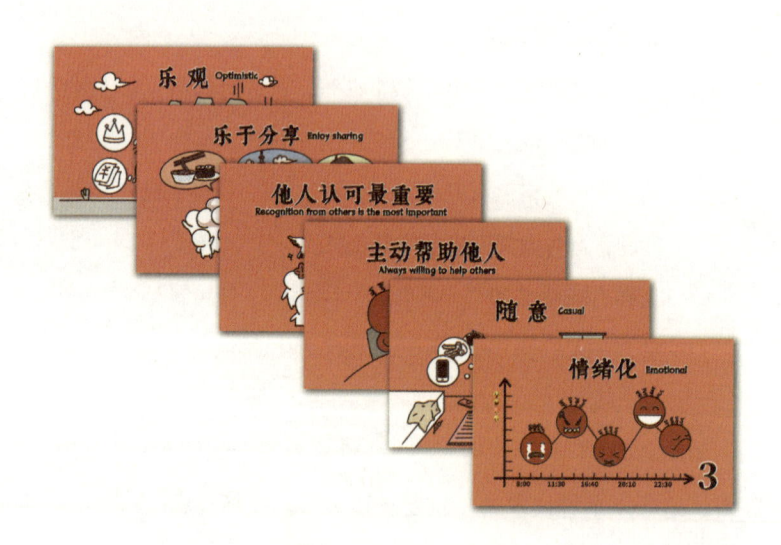

■蓝色 6 张牌面词语为：自律、条理、坚持原则最重要、发现问题先研究、悲观、内心保守。

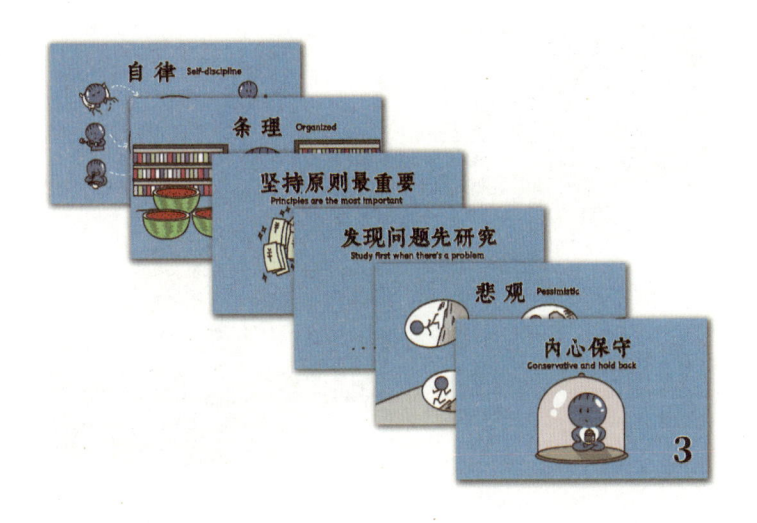

▲黄色 6 张牌面词语为：目标坚定、越挫越勇、事情结果最重要、发现问题先解决、批判性强、以自我为中心。

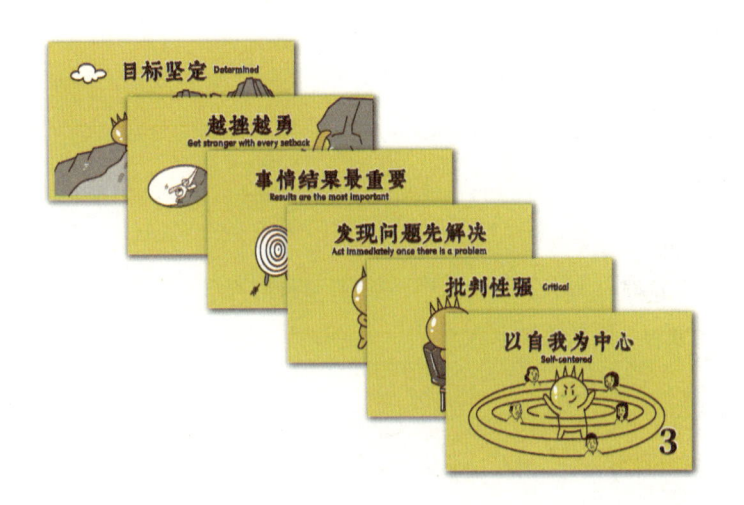

● 绿色 6 张牌面词语为：平和宽容、以他人为中心、静待问题过去、相安无事最重要、缺乏主见、逆来顺受。

关于每张卡牌词语的释义、内涵和外延，在本书第三章详解。

第二种分类方式：按分数分

分为 1 分牌、2 分牌、3 分牌共三类，每类各 8 张。每张卡牌上都印有一个数字，即该牌面的对应分数。牌面的分数是为了测试计分所用。

1 分牌：乐于分享、乐观、条理、自律、越挫越勇、目标坚定、平和宽容、以他人为中心。

2分牌：他人认可最重要、主动帮助他人、坚持原则最重要、发现问题先研究、事情结果最重要、发现问题先解决、静待问题过去、相安无事最重要。

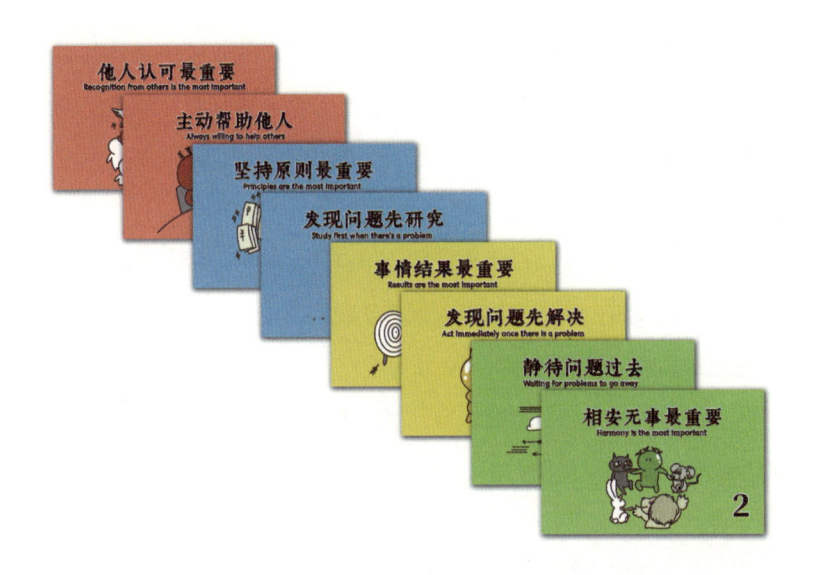

3分牌：情绪化、随意、悲观、内心保守、以自我为中心、批判性强、逆来顺受、缺乏主见。

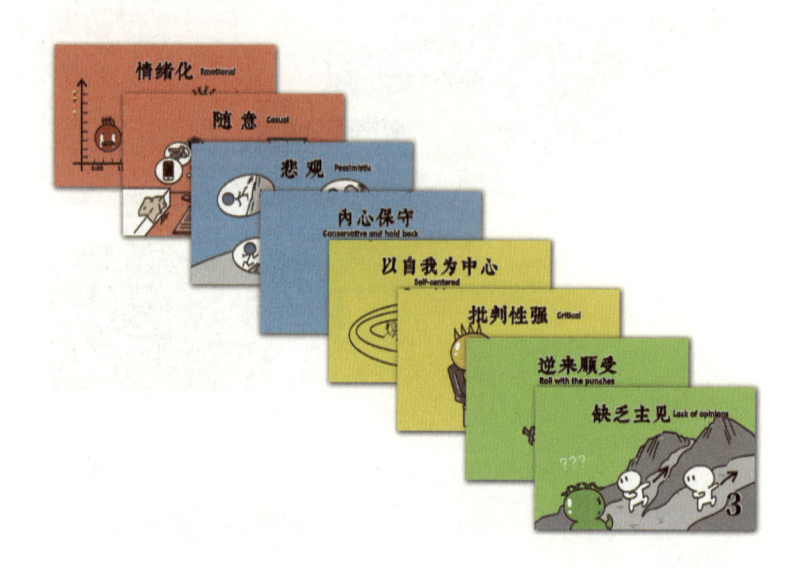

综合以上两种分类，你会发现：

卡牌的牌面分数呈现规律分布：每个色彩的6张卡牌，都有2张1分牌、2张2分牌、2张3分牌。这些分数代表什么？须结合《性格色彩原理》中的"优势"和"过当"概念来理解。

在性格色彩学中，性格无好坏，但有些性格特点帮助我们积极有效地面对人和事，会让身边的人更喜欢我们，更愿和我们在一起，这些特点被称为"优势"。

另外一些特点，可能会给自己或他人造成伤害，会让身边的人更排斥我们，更抗拒和我们在一起，这些特点，不被称为缺陷，而被称为"过当"。

这与法律中"防卫过当"的概念类似，性格过当乃优势用力过猛所致。对任何一种性格特质而言，发挥适时，尺寸适度，则为"优势"；发挥过头、超越界限，则为"过当"。

仔细观察，不难发现，1分牌都是性格优势，3分牌都是性格过当，2分牌介于优势和过当间，都是性格中性特点。

设计卡牌分数中的玄妙，难在书中尽述。线下的面授课堂，还会教给大家通过分数来六维识人，如何将对人的观察和卡牌结合，看人更加立体和深入。

至于卡牌的牌面分，在卡牌分数算法中怎样腾挪变幻，在下章详述。

04　性格色彩卡牌漫画

性格色彩卡牌的漫画并非信手涂鸦，其中暗藏玄机。

先举几例，感受一下卡牌漫画的威力，再谈漫画设计缘由及其中玄机。

卡牌漫画运用案例

"性格色彩卡牌教练"的课程中，会教一种"3张牌解惑"的咨询方法。

一位卡牌教练在给朋友做"3 张牌解惑"时，先选出一张牌——"缺乏主见"。开始朋友不明白，这牌对他有何意义，于是，卡牌教练开始引导：

"请你拿起此牌，看漫画，你看到了什么？"

"一个绿色的小人儿在爬山。"

"你还看到了什么？"

"小人儿头上有问号，左右都有人，指示他应走的方向，但他还是不知该往何方。"

"是的。此画让你想到了什么？"

"……"朋友沉默许久，卡牌咨询师耐心等待。

"我想到……我想到十多年前，我妈生病时，我自己太没主见，因为她说自己没什么大事，不用去看病，我没坚持送她去医院，最后，病得不行时，再去医院，已经晚了……如果我不是这么缺乏主见，也许我妈就不会死……"说到这里，朋友失声痛哭。

这是卡牌读人中的小插曲，在没有给朋友做卡牌之前，卡牌教练也没想到，一幅漫画会牵出朋友尘封多年的几乎被遗忘的痛苦往事。

经过这次沟通，朋友宣泄了内心苦楚，在卡牌教练的帮助下，抚平了过往伤痛和内心虚弱，进入课堂学习，开始真正踏上自我修炼之路。

还有一位卡牌教练告诉我，他在给他的一位客户——一位商界女强人做卡牌时，运用了"2 张牌读心"。

女强人年近四十岁，未婚，选出一张"悲观"。

女强人："我最不喜欢悲观。我认为方法总比问题多，只要有问题，就有解决的办法。所以，但凡下属唉声叹气或抱怨，我就特不爽。"

卡牌教练："除了在下属身上看到悲观的表现，你还在其他人身

悲观 Pessimistic

上看到过这个特点吗?"

女强人:"有点矛盾,我在事业上并不悲观,但在个人问题上,有些悲观。有时,我甚至觉得,我可能永远遇不到适合我的伴侣了。"

"如果一直遇不到会怎样?"

"孤独终老,会很寂寞。"

卡牌教练请女强人把牌翻过来,看看背面的漫画。

"悲观"的背面是"乐观"。

女强人盯着"乐观"的漫画看时,大颗的眼泪滴落。

卡牌教练:"你想到了什么?"

女强人:"我想到十多年前的自己,刚毕业,没背景,没靠山,什么都没有,但我那时从没对未来有任何担心。靠自己考托福,拿奖学金,出国留学,在外面吃了很多苦,但一直都没悲观。就像这幅漫画,虽然身上压着几座大山,但依然快乐地微笑。为什么我现在会变得这么没信心呢?"

经过一小时的交流,女强人最终恢复了自信的笑容,她说,她已多年未曾哭泣,感谢卡牌教练让她把藏在内心的垃圾倾倒出来,现在，每个细胞都充满了力量，要积极去迎接新的爱情，她相信自己可以找到。

三个月后，女强人给卡牌教练打电话，告诉他自己已经遇到一个心仪的男人，正在往结婚的方向发展。又过了半年，她又给卡牌教练打电话，告诉他，自己已成为一个幸福的新娘。

以上所述诸般卡牌之神奇，皆与漫画设计息息相关。

卡牌漫画设计原理

卡牌漫画在设计时，经历过三个阶段。

第一阶段：人物造型

性格色彩的奥妙，在于四种不同性格在语言、行动、思想、情绪等方面均有差别，而这些差异化的行为，最终都指向四种性格的核心动机。所以，用怎样的人物形态来分别代表四种性格，非常关键。

早在2004年的第一代卡牌——色卡上，就有四种色彩的人物，人物脸谱体现了不同性格，这四张脸谱分别代表四种性格——红色、蓝色、黄色和绿色。每张脸谱都由椭圆的脸形、眼睛和嘴巴的线条构成。

♣**红色脸谱**——眉开眼笑，嘴角向上。幸福、开心的表情，代表红色的乐观、乐天、笑口常开、不记仇，即便不开心也会很快过去。

■**蓝色脸谱**——眉头皱起，嘴角紧抿。忧愁、忧虑的表情，代表蓝色的负面思维、善于思考、未雨绸缪、防患于未然，生年不满百，常怀千岁忧。

▲**黄色脸谱**——吹胡瞪眼，嘴角向下。生气、不满、愤怒的表情，代表黄色的严厉、批判性强、容易发现他人的问题、处事果决和坚定。

●**绿色脸谱**——眼睛水平，嘴角持平。心满意足、平和的表情，代表绿色的心态平和，大事化小、小事化了，凡事都无所谓。

扑克牌在设计时，沿用了色卡人物。

设计卡牌时，已是2015年，需更有现代感的人物形象。于是，设计出红、蓝、黄、绿四色小人儿，以不同发型表示性格差异。

♣ 红色性格小人儿

如果有机会，你看见一个烫着很夸张的波浪卷发的人，无论男女，几乎都可判定此人是红色性格。并非说红色一定烫卷发，而是因为红色乐于尝试新鲜事物，渴望得到大家关注，所以，更容易用夸张的发型来装扮。

漫画中的动态设计：当红色心情好时，卷发飞扬；心情不好时，容易纠结，卷发纠缠，一副痛苦状。

■ 蓝色性格小人儿

有位蓝色性格的学员，她有时会戴假发，但她的假发是黑色短直发，跟她自己原本的发型完全一样。这与很多红色不同。因为红色戴假发，排除自己的头发有问题，往往是为了尝试不一样的发色和发型。而蓝色性格的学员跟我说："我会分季节，冬天天冷，戴假发可保暖，且头发不易乱，方便随时拿下打理；夏天，我会把头发剪得更短，本身不易乱，也就不需戴假发。"由此可知，不少蓝色有个需求，就是无论何时尽量都不希望头发乱，而最适合代表一丝不苟状态的发型即齐刘海，且紧贴前额。

漫画中的动态设计：无论外界发生什么，蓝色的刘海纹丝不动，一丝不乱，象征着他们的有条不紊。

▲黄色性格小人儿

黄色的改造欲和批判性都很强，优点在于战斗力强，随时处于工作状态，不足之处是有时忽略别人的感受，就像"刺猬"一样，无意间扎到别人。

漫画中的动态设计：当黄色未遇大事，刺缩，暂留备战状态，看起来就像板寸；当黄色遇到危机，刺长，瞬间更改为攻击模式。

●绿色性格小人儿

绿色性格很容易听从别人意见，很少对不同意见进行反驳或表达不同观点，时常像墙头草，随风而动。

漫画中的动态设计：当左边有人向绿色提意见时，绿色头上的草向左倒；当右边有人提意见时，绿色头上的草向右倒；当两边都有人提意见时，草向哪边倒，取决于哪边的人给他的压力更大。

第二阶段：漫画脚本

卡牌的漫画脚本是根据每个性格特点的具体场景来编写的，除了让人一眼看明白，不局限于某种片面的行为，还要让人联想到更丰富的意蕴和内涵。

比方说，"自律"，此牌起初的漫画脚本是主角坐在家中看书，外面有人放鞭炮、举行婚礼，很多人围观，但主角依然专心不受干扰。如草图所示：

但是，此画所示，准确来说是"专注做事不受干扰"，但这并不能全方位体现"蓝色对自我的严格约束"。所以，最终，脚本修改为一个时钟，蓝色在不同的时间，严格按照时间表行动——打扫、看书、吃饭、健身、睡觉……

在单单针对卡牌漫画进行研发的九个月内，几乎每张牌的脚本，都反复修改。

第三阶段：成稿修改

按惯例，脚本通过漫画师成稿上色后，便不再修改。但卡牌设计突破此惯例。即便已上色完稿，若不够精准，重画。

下面这张图代表"目标坚定"。原本画的是黄色性格的小人执意直行，虽然左侧小人儿指示他左转，右侧小人儿指示他右转，但他置之不理。

但此图易让人误解，原因在于，为体现这是十字路口，漫画师画了一个红绿灯，易让人误解为"黄色性格闯红灯不守交通规则"，专业有误导之嫌。是否遵守交通规则，与是否守法一样，取决于法律意

目标坚定 Determined

识，与性格无关。所以，可能引起误解的画面，须废。

最终，找到更好的画面诠释：黄色性格要上山，山上插旗，代表目标，行动路线也清晰直接，虽然旁边有人打击"你到不了的"，他依然坚信"我一定行"！

与卡牌的词语一样，卡牌的漫画凝结着性格色彩的原理和精髓，其间任何一个细节，都可琢磨出深刻的含义，有心如你，除了按照本书中教的用法来玩卡牌之外，还可细细咀嚼每一幅漫画的学习机会。

性格色彩读心 II阶 入微

想谁想通

第二章

性格色彩卡牌测试

01 测试基本规则

从现在开始,我们要学习最简单的性格色彩测试的步骤,适用于所有人。

谨记:性格无好坏,每张牌都没有好坏对错,只是体现了你性格的特质而已。请选出"现在的自己",而不是选出"我想要的"或"我应该的"。看清楚即可做出选择,不用过多犹豫纠结。

第一步:选牌

把12张卡牌分别拿起来,从正反两面中,选出符合自己的一面,朝上放在桌面。

第二步：排序

将12张选好的牌面进行排序，按照符合程度的"强、中、弱"的顺序，从每个级别的牌中各选4张。

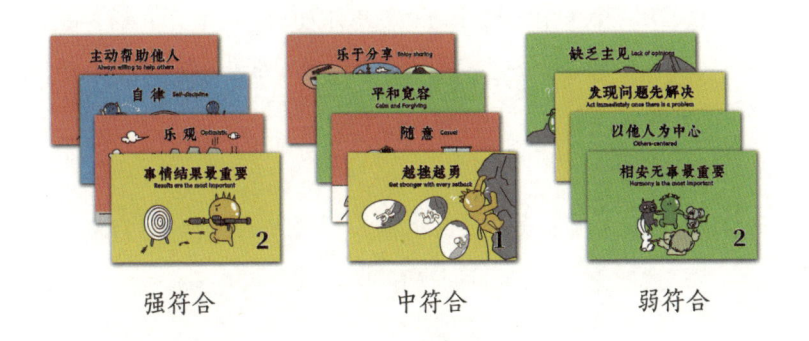

将12张牌分为三列四行摆放，如图所示。

符合程度最强的（称为"强符合"）4张放在最上面一行，中等符合的（称为"中符合"）4张放第二行，符合程度最弱的4张（称为"弱符合"）放在第三行。（同一行的4张不分先后顺序）

第三步：算分

摆好后，可算分。算分前，先明确两个概念。

1. **牌面分**：每张卡牌牌面上都有一个数字，即该卡牌的牌面分。
2. **权重分**：第一行的牌，每张牌权重分为2分；第二行的牌，每张牌权重分为1分；第三行的牌，每张牌权重分为0分。

计算方法：
将同种色彩的牌面分和权重分相加，得出每种色彩的各自总分。

强符合	主动帮助他人 2	自律	乐观 1	事情结果最重要 2
中符合	乐于分享 1	平和宽容 1	随意 3	越挫越勇
弱符合	缺乏主见 3	发现问题先解决 2	以他人为中心 1	相安无事最重要 2

按以上算法，上图牌面，四色分数应为：

♣ 红色性格——牌面分7分，权重分6分。红色为13分。
■ 蓝色性格——牌面分1分，权重分2分。蓝色为3分。
▲ 黄色性格——牌面分5分，权重分3分。黄色为8分。
● 绿色性格——牌面分7分，权重分1分。绿色为8分。

摆出此牌后，便可得出牌主的四种性格色彩，以及一副可透视牌主内心的牌面图。

这副牌面，在卡牌玩家的四板斧用法和卡牌咨询师的12张牌读心中都会用到。

按分数来看，红色13分，蓝色3分，黄色8分，绿色8分。最高分为红色，说明此人最有可能是红色性格。当然，仅仅通过最高分，看出对方的性格主色是远远不够的。

02　测试常见问答

初见卡牌，由于对性格色彩原理不知，可能遭遇各种问题。即便选牌、摆牌如此简单的步骤，也会有不少困惑，愿以下常见问答助你通关。

一问：选择卡牌时，若卡牌正反两面的特点自己都有，无法选择，怎么办？

回答：正常现象。因为这只是你的自我选择，每个人看自己，都可能有误区和盲点，也会因为自己的心情感受不同而变化。卡牌正反面的性格特点，或多或少，我们可能都会有。所以，对比一下，选出那个相比更强烈的。另有一法，回忆自己是否发生过类似的事可证明此特点，若都曾出现，则选择相对次数较多的。

二问：选择卡牌时，若卡牌正反两面的特点自己都无，无法选择，怎么办？

回答：你可从正反面中勉强挑一个跟自己沾边的特点，或你自己没意识到，但别人对你有类似评价的特点。选好后，把此牌放在12张牌的最后一排，作为"低符合"的特点。

三问：算分时，两种色彩或三种色彩的分数一样，且都是最高分，怎么办？

回答：两法可解：方法一，把最高分的那几个色彩都拿出来，根据每个色彩的定义，闭目思考，哪个更符合自己；方法二，请专业卡牌咨询师通过专业提问帮你完成自我洞见，寻找答案。

四问：为什么我的卡牌分数会变？上月测试与今天测试，两次牌面不同，难道每个人的性格色彩会变？

回答：《性格色彩原理》中早有阐述——"性格是天生的，个性是后天的"，性格与生俱来，个性随着环境而改变。多数人在测试时，摆牌时显示的是"现在的自己"，也就是"个性"。所以，不同时间去做，有不同的结果，实属正常。

五问：我选出来的牌，都是1分牌和2分牌，没有3分牌，也就是没有性格过当牌，这是否说明我是一个完美的人呢？

回答：不能。此处有两种可能：第一，你的自我认知不准，因为卡牌是自己摆的，主观的自我评估可能会有盲点，当你找到别人让别人摆牌时，你常会发现，"他人眼中的你"和"自己眼中的你"有很大差别；第二，即便自我评估准确，亦不能说明性格毫无过当，只能说明，当下的你，性格中的问题显象不明。

六问：如果选出来的卡牌全是3分牌和2分牌，没有1分牌，也就是没有优势牌，是否说明此人无可救药？

回答：非也。选出来的所有牌面，如果没有优势牌，分两种情况：第一，牌主心境低落，处于自我否定状态。故此，自我评估时，更多选择自己身上不足的一面。针对这种情况，卡牌咨询师应给予一定认可，让牌主提高对自己的信心。第二，不同性格对同一词语的理解不同。牌主选出的过当牌，仅代表对自己性格特点的认知，主观上，并不认为这是自己的缺点。譬如，很多情况下，牌主认为"以自我为中心"意味着"活得自我潇洒"，"随意"意味着自由自在，无拘无束，而这2张在卡牌中都是3分牌、过当牌。在这种情况下，卡牌咨询师首先要了解牌主对卡牌词语的定义，再有针对性地给予分析和建议。

03 测试三种形式

自 测

按照本章第一节的测试基本规则，即可完成自测。

需要注意的是：不同时间、不同心境下的自测，结果可能不同。这在本章第二节的问答中已经阐述原因。建议将自己每次自测的时间点和牌面拍照记录下来，一段时间后拿出来比对，有助于自我观测内心状态的改变。

他 测

所谓他测，指的是你可以引导他人完成性格色彩卡牌测试，测试步骤与自测相同。

需要注意的是：在引导他人测试前，先简要介绍性格色彩，并分享自己从测试中得到的收获，如："我最近接触到一个可以帮助我们了解自己性格的测试工具。其原理是性格色彩学，它把人的性格分为四种类型，用红、蓝、黄、绿来作为标识。我做完测试后，觉得它很准，也让我想明白了很多。这个测试只需要三分钟就能完成，你要不要试试？"如果不加以说明，随意掏出卡牌让人测试，被拒绝的概率会增大很多。

如果他人在选牌过程中有疑问，属于正常现象，可以根据本章第二节的问答予以指引和解释。他人完成测试后，可以助其计算四色分数，并简要解释性格色彩定义，切勿强行回答超出自己的知识范围的问题，以免不专业的回答伤及对方信任。

互 测

所谓互测，指的是两个人用卡牌相互测试，操作步骤如下：

第一步：准备两副卡牌，两人每人拿一副。

第二步：先根据本章第一节的测试基本规则，完成对其中一人的评测。例如，甲、乙二人互测，则甲摆出自己眼中的自己，乙摆出乙眼中的甲，将两副牌对照查看，找出其中不同的牌面，进行交流讨论。比如，甲摆出了"乐观"，乙摆出了"悲观"，意味着，甲自认为是个乐观的人，但在乙眼中，甲是个悲观的人。甲可以询问乙："为何你认为我是个悲观的人？请举例说明。"当乙说出自己的看法时，甲会发现，原来自己曾经的某些说法和做法，给乙带来了怎样的感受。当乙说完后，甲也说出在同样的事情上自己的想法，乙也会由此明白甲其实是怎么想的。

第三步：再根据本章第一节的测试基本规则，完成对另外一人的评测。如上一步所举的例子，乙摆出自己眼中的自己，甲摆出甲眼中的乙，将两副牌对照查看，找出其中不同的牌面，进行交流讨论，讨论方法与上一步相同。

需要注意的是：如果他人眼中的你，和你自己眼中的你，差异巨大，不要因此而生气或不满，要诚恳询问，耐心聆听对方举出的具体事例，这个过程中你会收获巨大。但如果还没等对方说出具体原因，你就先情绪化了，那就听不到对方的真实想法了。因为人与人性格不同，对同样的事情，不同的人有不同的想法和感受，是极其正常的。在互测的过程中，不要争辩对错，也不用感到沮丧和懊恼，而应把这个过程视为探索自我和理解他人的绝佳机会。

第三章

性格色彩卡牌解释

01　红色性格牌释

画面：红色性格被压在三座大山下面，尽管如此，红色性格依然面带微笑、心态积极。

定义：你富有积极思维，愿意在所见的一切中看到美好的一面。

♣ 当杯里只剩半杯水时，红色性格会说："真好，还有半杯水呢。"恋情结束时，红色性格会说："相信下一个会更好。"当针扎到手指时，红色性格会说："幸好没扎到眼睛。"当穿着新买的鞋子摔了一跤，鞋子摔破时，红色性格会说："幸好这双鞋很结实，不然我非摔断骨头不可。"

♣ 一位七十六岁的红色性格的老太太，腿脚不好，隔天就要到医院检查一次，但从没见过她愁眉苦脸。某日听见邻居的孩子吹笛子，第二天她见了孩子，喜气洋洋地说："昨天是你在吹笛子吧？赶明儿能不能帮我也弄一支，教我吹吹？我现在啊，在老年大学每天学弹钢琴，家里刚买了一架钢琴，你有空也到我家里来弹琴。"她还学英语、当群众演员，生活过得比年轻人还丰富多彩。人家问她学那么多东西累不累，她说："怎么会累呢，多好玩啊！"

♣ 一位红色性格的企业家，当年读大学时成绩不如其他同学，尽管他非常努力，但直到毕业，成绩还是全班倒数第一。毕业时他说："大家都获得了优异的成绩，我是咱们班的落后同学。可你们五年干成的事，我会干十年；你们二十年干成的事，我会干四十年。如果实在不行，我会保持身心愉快、身体健康，等八十岁后，把你们送走了我再走。"

画面：红色性格手持话筒站在人群当中，热情地分享着自己吃过的美食、旅途中的见闻，以及见过的美女。

定义：你喜欢跟他人交流，会将生活中发生的事情以及自己的心情和感受，分享给身边的人，并以此为乐。

♣看完演唱会后，红色性格会主动向没去现场的朋友讲述歌星穿了怎样的衣服，来宾是多么有名，观众有多么激动，现场听歌和听唱片有哪些不同的感受。讲的时候手舞足蹈，让你觉得身临其境。

♣某位红色性格的作家好吃、好客、好聊天，吃到了什么好东西，一定要找个人来分享才痛快；每天家里宾客盈门，吃吃聊聊，一天就过去了。某日，他突然发现自己很久没写作了，于是痛下决心，另外租了一间僻静的房子写作。可人刚到那里没多久，就忍不住给朋友打电话："喂，我已经躲起来了，地址保密。可我还是想找你谈谈，这样吧，你今天晚些时候坐车来，到我家一起吃工作餐。"

♣公司里，总有几个同事的关系特别好，连上厕所都一起去。细究原因，其实是因为她们几个都是红色性格，联络感情的方式是中午一起吃饭时闲聊，相互分享美妆美食，或是聊聊如何育儿，久而久之，关系就走得特别近。如果红色性格不分享、不聊天，就会很难受。

主动帮助他人
Always willing to help others

画面：红色性格和别人一起吃饭，主动拿起汤勺，帮别人夹菜。

定义：你容易观察到其他人有被帮助的需求，并能立即付诸行动，主动给予帮助。

♣ 当你遇到困难时，来到红色性格的朋友面前，只要倾诉你的不容易和坎坷境遇，可能还没等到你开口，红色性格的朋友便主动伸出援手。在路上捡到流浪猫、流浪狗，忍不住带回家养的，多半都是红色性格。

♣ 工作场合，比如，新人入职，第一次来办公室，有点不知所措，主动上前寒暄并帮新人介绍办公室情况的往往是红色性格。虽然不是 HR，并没有接待新人的义务，但红色性格看到别人有需求，就会下意识地上前，如果能因此交个朋友，则不亦乐乎。

♣ 公共场合，即便对陌生人，红色性格也容易乐于助人。比如，你在公交车上坐着，提醒你"鞋带开了"的，多半是红色性格；在公交车上，你问售票员哪站下，售票员的回答含混不清，只要这时旁边跟你说"你跟我同站下吧，然后跟我走"的人，多半也是红色性格。听到别人的对话，感觉自己能帮上忙时，红色性格就会有强烈的说话冲动，这一切都是建立在乐于助人的基础上。

他人认可最重要
Recognition from others is the most important

画面：红色性格被大家包围着，接受大家的鲜花和夸赞，十分高兴。

定义：与完成事情相比，更希望得到他人的关注和认可，即便是一点小小的赞美，也容易让你体会到快乐与价值。

♣红色性格完成了一项艰巨的任务，得到了高额奖金，但领导对此只字未提，同事们也像没发生过这件事一样。红色性格心里非常难受，跑去问领导："领导，你觉得我最近表现怎么样？"领导实事求是地指出红色性格工作中需要改进的一些瑕疵，红色性格更难受了。

♣一向不擅长做饭的某红色性格，心血来潮买了个烤箱，照菜谱做了一炉小饼干，老公和孩子吃过后都说好，于是她来劲了，一有空就烤蛋糕。因为做得太多了，家里人吃不完，她便带了些到单位分给同事，同事们赞叹不已。此后，红色性格的动力更强了，每天早上五点就起床烤蛋糕，烤好了，就带到单位去，其手艺直逼米其林糕点大师。

♣在电台做编辑的红色性格姑娘，深夜两点半打电话给闺密："我今天接到一个听众的表扬电话，这是我有生以来听到的最最开心的赞美！"她的兴奋如此强烈，以至于无法等到天亮再向朋友报喜，而是迫不及待地和别人分享她被认可的巨大快乐。

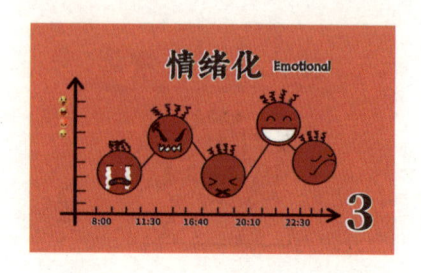

画面：以时间为坐标轴，红色性格的情绪随着时间快速上下波动，一会儿生气，一会儿高兴；一会儿发愁，一会儿狂喜。

定义：心情好坏容易受到外界影响，在一段时间内，会出现忽上忽下的状况，整体来说，变化的次数多，频率快。

♣ 红色性格常在朋友圈发心情，有时一天之内发好几条，每条都描绘着不同心境。一会儿是："走了一天的路，累死了！"一会儿又是："成功减重两公斤！哦耶！"再一会儿又是："项目方案顺利通过了，不枉我辛苦了半个月。"

♣ 红色性格失恋时，心情起伏不定：先是痛不欲生，然后找到好友倾诉和发泄后，心情会平复许多；过了半天，听到首缠绵情歌，又牵动失恋之痛，开始泪崩，在大家的安慰和劝解下，又决定振作起来，好好工作；上了一天班，下班时，其他同事都走了，只有她，又独坐电脑前，以泪洗面。

♣ 红色性格炒股时，受情绪影响很大。听到一个好消息，兴奋无比，像买菜似的，一口气塞了十几只股票到篮子里，看着K线图，脑海中幻想勾勒出用挣到的钱周游世界的美好画面；一旦风声不对，"割肉跑路"的呼声此起彼伏时，情绪又会一下子跌到谷底，最先响应"割肉"的号召。

画面：红色性格面对着屋子里零乱的物件，发愁地想："我的手机、钥匙和钱包分别放在哪儿呢？"

定义：不拘小节，喜欢把东西按照自己习惯的方式随意摆放，说话时也随心所欲，没有考虑好便开口或行动。同时，专注点可能不会长期地停留在一件事情上，会因为更大的吸引力而转移目标。

♣近视的红色性格经常找不到自己的眼镜，洗完澡想看电视，眼镜找不着了，越找不到越急，于是发动全家人一起帮忙找，但还是找不到，最后决定放弃看电视，直接睡觉。侧卧时，觉得身体压在一个硬物上，伸手一摸，原来眼镜就在睡衣的口袋里。洗澡前，他怕自己洗完澡找不到眼镜，特意放进睡衣口袋，结果还是没找着。

♣一位红色性格的游泳教练，性子直且嗓门大。一次，他在商场里偶遇了自己的一名女学生，见女学生的穿着时尚美丽，他一时高兴，随口大声说道："你穿上衣服，还真认不出来！"

♣某红色性格在美国读书，开始选了市场营销专业，读了几个月后，发现该专业对英语口语要求高，于是，改选了口语要求不高的会计专业，学了一阵，又觉得注册会计师难考，偶然听说人力资源专业容易，于是，再次向学校申请，换成人力资源专业。再后来，听说人力资源专业不好找工作，又换成金融专业。因为换专业需要重修所有科目，所以浪费了大量时间。这都是红色性格听风就是雨、随意改变初衷造成的后果。

02　　　　　　　　　　　　蓝色性格牌释

画面：一面钟，从 0 点到 12 点，在固定时间分别扫地、看书、吃饭、健身和睡觉，象征蓝色性格严格遵守时间，在固定时间做该做的事。

定义：自身具有遵循既定规律行动的习惯，无须他人多加提醒，也能做到严苛守时、言语谨慎等所有需要自我约束的行为。

■对蓝色性格而言，晨钟暮鼓，自有大道。"天不言而四时行，地不语而百物生。"因为一天的种种安排早已提前规划好，蓝色性格绝不会因个人的一时兴起而改变计划。"王子猷雪夜访戴"之事，断不会与蓝色性格关联，缺乏计划和不按计划行事，只会让蓝色性格觉得毫无安全感。故此，按照规定时间行动，对他们来说天经地义。

■一名蓝色性格的七岁男童，常在空旷地原地起跳，且口有韵律，反复轻呼："多做运动，多大便；多做运动，多大便；多做运动，多大便……"原来此子牢记母亲大人教诲，每日必定按时通便，排便不畅时，则原地弹跳，加速肠道蠕动。

■一位蓝色性格的妈妈，因产后体重上升，计划减肥，精细制定饮食及运动的 excel 表格，严格执行。表上规定每晚七点后不进食，九点后不饮水。恰巧，有段时间公司接到一个很大的项目，连续五天，每晚须陪客户吃饭，面对满桌珍馐，客户再三热情劝食，这位妈妈始终粒米不沾。

画面：蓝色性格切西瓜，每块都切得整齐划一，书架上井然有序。

定义：工作和生活中，有条不紊地安排一切，注重先后顺序，对任何事情本能地加以归纳整理并分清主次。

■蓝色性格的孩子正在玩积木时，妈妈叫他吃饭："小宝，吃饭啦！快来！"不管妈妈怎么催促，他都要顺手把积木放回盒子，物归原位，再起身去吃饭。相比其他性格的小孩需大人再三提醒才能做到，蓝色性格只需一遍就会记住，而且，从小到大，一直如此。

■某位蓝色性格当家的家庭规定：家中筷子须分层排列，金属筷专供客人，红木筷专供长辈，竹筷是家人所用。厨房中，永远可见四块抹布高低错落，针对玻璃、瓷砖、灶台、厨房四大领域，各司其职，有条不紊；卫生间内，洗发水、护发素、沐浴乳、润肤露一字儿排开，标签一致向外。但凡有一个标签朝里，蓝色性格都会半夜起身，纠正过来，方才安心睡去。

■大学时代蓝色性格的同学，在寝室里挂了一张市区地图。每次趁节假日外出去某地，总要先制定若干路线，然后计算每条路线需换几次车，大概需时及等待时长，综合各项因素，有条不紊地计算出当日最佳线路，方才出发。

坚持原则最重要
Principles are the most important

画面：蓝色性格圈内坐定，圈内有"原则"二字，圈外有美女金山，但蓝色性格不为所动。

定义：内心有既定原则，不愿被打破，不容易因他人的意见而改变自己的原则，也不容易受到外界诱惑而逾越自己的界限。

■老板把重要而紧急的采访任务交给他手下文笔最好的编辑。但编辑是蓝色性格，答曰手头有正启动的选题进展到最后关头，须等手头任务圆满完成后，方可行动。老板让其移交老任务，立即去做新任务，蓝色性格却始终坚持，不肯改变。老板勃然大怒，但蓝色性格仍岿然不动，声言，你若逼我，我便离职。

■公司组织旅游，众人共同推举蓝色性格管财务。蓝色性格同意，前提是约法三章，不该花的钱不花，大家同意。旅程中，蓝色性格锱铢必较、寸金不让。你若逼他花钱，他就一句话："今无预算。"把你顶回去。初时，大家恨得牙根痒痒，颇为不爽，最后，打道回府，发现此行衣食无忧，尚有盈余，众人皆大欢喜。

■全家出行，蓝色性格的父亲发现美景，让其子站过去拍照。儿子一听，头皮发麻，因为蓝色性格的父亲每次拍照，从下蹲、调焦、瞄准，直到成功拍完，会经历复杂程序和反复调整，被拍者须有极度耐心。儿子问："爹先调好，吾再立位？"父曰："人不在，如何定位？""随便找个东西暂代？""东西岂能与人相提并论？拍照怎可随便？"儿子还想解释，老爸一言不发，相机收好，扭头缓步离去。

发现问题先研究
Study first when there's a problem

画面：蓝色性格发现地面有不明痕迹，便会拿放大镜细细察看。

定义：以严谨的态度面对问题，发现问题时，首先通过深入全面的调查分析，确保可采取正确方案，再解决问题。

■朋友们都已买了房，蓝色性格却按兵不动。因为买房前，需调查很多小区，做市场调查，进行性能价格比较，直至找到最符合自己条件的房子时再入手。好处是，考虑周到，入住以后，样样合适；坏处是，在挑选的时间里，房价疯涨，错过了最佳时机。

■蓝色性格领导的团队要交计划书给客户，竞争对手亦相同。计划书初稿出，此领导发现方案精确率只有96%，出于谨慎和完美主义，继续深入研究分析，最终，将精确率提升到98%才交稿。而对手在三天前已提交了一份精确率仅有95%的报告！蓝色性格因执着于研究而未以最快速度解决问题，结果：出局。

■母亲带四岁的蓝色性格的女儿去吃豪华自助餐。女儿看着桌上的菜，眼珠来回转动，仿佛在思考。母亲问她所想，她说："餐盘色彩为何深浅不一，是否为了区别不同种类？"母亲细看半天，方才发现，不同菜系用深浅不同的餐盘区分。

画面：蓝色性格拄着拐杖，沿一面斜坡慢慢上行，脑海中不断闪现一幅幅"万一"的画面：万一山上落下大石怎么办？万一不小心摔下悬崖怎么办？万一恶狼山中行怎么办？

定义：倾向消极思维，面对周围的人、事、物，易想不好的一面，且产生怀疑心态。

■ 由于蓝色性格分析能力强，友人遇失恋之苦，愿找蓝色性格倾诉。蓝色性格可助力他人分析，自己却陷入其中不能自拔，仿佛自己化身悲剧的主人公。蓝色性格咀嚼了他人的很多痛苦后，自己陷入悲哀的边缘。

■ 某企业蓝色性格的销售总监，提前一个月完成年度任务。庆功宴上，众人开怀畅饮，唯有蓝色性格的总监拉长脸孔，闷声不响。主角不高兴，大家不尽欢。后来，朋友私下问他为何如此，他说："每年第一，今年又提前一个月，那明年只有再提前，否则就没进步，标杆形象也没了，明年怎么办？"

■ 和蓝色性格的朋友一起看演唱会，其他人高兴，唯他眉头紧锁，细问才知，他觉得位置较偏、音响不好、歌曲选择不够完善。总之，外人看来体验很棒，在他眼中，皆为问题，永远先看事物不好的方面。

画面：蓝色性格封闭在一个玻璃罩里，与外界隔绝，内心有一把锁。

定义：将自己心门禁闭，不轻易敞开，不愿分享和交流，宁愿保持内心一片净土。

■蓝色性格在工作中遇到不开心的事，回家愿对另一半倾诉。当另一半关心地询问："怎么了？"他答："没什么。"其实，心里有事，只是不愿说出。他希望另一半给他时间和空间，让他自己沉淀思绪，有些秘密他更愿尘封于内心，不与任何人分享。

■广告公司新来的蓝色性格的总监，办公室门常锁，他把自己关在其中。创意会时，总监不主动说自己的想法和打算，让下属逐个说完，自己静静听完，再质疑。下属常会在电脑打字到兴头时，感觉身后有凉风吹过，转头一看，才发现总监站在身后，不知已看了多久。他见下属回头，便淡淡地说道："没事，不打扰你。"然后缓步走开。久而久之，下属们无可捉摸上方心思，倍觉压抑。

■蓝色性格的姑娘一直不婚，曾有两个追求者求婚，均遭拒绝，理由是，为结婚而结婚，非她所要。亲友问她想要什么，她从不答。多年后，她告诉亲妹妹，她一直暗恋自己的老师，但觉得对方不喜欢自己，所以，从未表达。妹妹知道后震惊无比，因她从未在任何人面前露出端倪。

03　　　　　　　　　　黄色性格牌释

画面：黄色性格爬山，山顶插了面目标旗帜，有条清晰的行进路线，从脚下一直延伸到旗下。另一条路上，一群人正劝黄色性格打道回府："你到不了那儿的！"黄色性格心中所想的是："燕雀安知鸿鹄之志，吾一定行！"

定义：无论经历怎样的时间变化或人事变迁，内心确立的目标都不会轻易改变，在被别人批评或否定时，依旧坚持信念。

▲黄色性格的孩子跟老爸上街，看到想要的玩具，要老爸买，老爸不买。黄色性格的孩子停在橱窗前不走，老爸不肯买，说："没带钱。"孩子："你骗人，刚才买烟我看见你有钱！"老爸："不买，家里玩具很多。"孩子："你不买，我就回家告诉我妈，你路上留了一个漂亮阿姨的电话。"老爸气急败坏，只好妥协买了。

▲黄色性格炒股不易受影响。形成自己的判断后，无论股评如何造势，报纸新闻怎样吹风，任凭周遭同事人心惶惶，黄色性格手握重股，岿然不动。当他判断应撤出时，不管别人如何建议，他大手一挥，清仓而退。

▲地产企业某IT总监，黄色性格，了解到一套新系统比企业目前的系统更省时高效，报告总经理请求引进。总经理担心大家不适应新系统，且新系统价格不菲，故此迟迟未批。黄色性格的总监不达目的誓不罢休，多次找总经理陈情，最后，立下军令状："新系统上线的所有问题和责任，我一人承担！"终于成功引进。

越挫越勇
Get stronger with every setback

画面：黄色性格在攀岩，身边不断地有人摔下去，但他依然坚定地往上爬。

定义：不因一时失败或外界反对而放弃前进，遇到挫折和挑战，能激发更大动力。

▲一位黄色性格的创业成功者演讲时说，自己取得今日之成就，得益于两件事：一是当年创业时，母亲和朋友都极力反对；二是他苦恋数年的女友投入阔少怀抱。这打击，更坚定了他的信念，让他激发出更大的动力。他毕生的信念，就是让母亲和朋友知道"我做得到"，让女友知道"你没有选择我，是错误的"。

▲一母亲对黄色性格的女儿刚谈的对象不满意，列举诸多不适合之处，定要拆散他们。黄色性格的女儿誓死不从，我行我素。但相处一个月后，发现的确不合适，但女儿不退反进，居然跟对方结了婚。因为母亲的反对，反而激发了黄色性格的女儿的抗争，母亲越反对，女儿越向前冲。婚后半年，即离婚。母亲说："不听老人言，吃亏在眼前。"女儿回答："离婚没什么不好，人生的一种经历，是财富。"

▲淘宝网一店主开店十年，前两年发展很好，突遇经济危机时，他经受住挫折，借款继续发展。三年后，他做到行业内头部，还钱后，尚有盈利，春风得意时，核心下属离职，带走一批供应商，开了家跟他业务完全重合的淘宝店，抢走了许多生意。他没花时间去抱怨和生气，继续埋头苦干，再次从挫折中奋起，现已成为天猫十大网商之一。

事情结果最重要
Results are the most Important
2

画面：黄色性格手持火箭筒，对靶射击，地上有很多折断的箭头，他是先前用弓箭射击失败，故改用火箭筒。总之，做事用什么方式搞定不重要，只要最终射中靶子就行。

定义：与别人的评价和看法相比，更重要的是，事情是否达到预期，如果没达到，就要找到更快速有效的方法。

▲黄色性格的领导听下属汇报，不喜长篇大论讲过程，希望快速知道结果。下属邀功："老板，这次您把任务交给我之后，我历尽艰辛，先花了一个星期收集客户资料，又专程去了一趟广州，跟客户开了三天的座谈会，然后回上海，跟同事们一起脑力风暴……"结果，黄色性格的老板只回了一句："说重点！最后你到底搞定了没有？"

▲黄色性格的男生追女生，了解到女生喜欢吃巧克力，于是，每天送巧克力，送了一周，女生没回应。于是，男生决定不送巧克力，改送鲜花，又送一周，还是没回应。男生打听后，方知有另一个男生同时在追女生。男生立刻打电话，约他PK，先把他搞定。对黄色性格来说，一个方法行不通，就再换一个，最重要的是，把结果拿到。

▲黄色性格的兄长教妹妹打字，方法是：直接扔给妹妹一张报纸，让她从头到尾打完，并告诉她，有问题不要问，等全部打完，问题就解决了。小妹咬牙打完，心里抱怨兄长无数遍，但最终发现，自己的打字提高得比其他人快很多。对黄色性格的兄长来说，妹妹的心情感受不重要，能够快速提升能力、学会打字，结果最重要。

发现问题先解决
Act immediately once there is a problem
2

画面：黄色性格发现地面钉子凸出，立刻拿着大锤，直接敲平。

定义：强调快速解决问题，而非停留在考虑和观察，深信"行动才是王道"，即便有瑕疵，亦无须考虑过多。

▲朋友失恋，找黄色性格倾诉，黄色性格的反应是："别哭了，哭什么哭！三条腿的蛤蟆不好找，两条腿的男人还不好找吗？明天我就帮你找个更好的，让他后悔一辈子！"黄色性格没耐心倾听，只关注解决问题。

▲没上小学的孩子看见辣椒酱，因从未吃过，看着新奇，吵着要吃，大人怎么哄也不听。孩子母亲是黄色性格，见状，二话不劝，拿起筷子蘸了辣椒酱，送进孩子嘴里，孩子辣得哇哇大哭，从此，再不敢闹着要吃东西。黄色性格解决问题，不会患得患失，简单直接，能一招搞定的，不用两招。

▲黄色性格与朋友一同坐飞机时觉得冷，找空姐要毛毯，空姐说："毛毯已经发完了。"朋友抱怨为何会如此，而黄色性格说："我不管你拿什么东西，哪怕给个桌布也行，总之要解决我们冷的问题。"

画面：黄色性格站在宇宙中心，周围的人都围着他转。

定义：以自己主观的标准看待周围的人和事，并以此标准判断和处理，期望他人都按照他的主观标准行事。

▲开会时，黄色性格与同事各执一词。对同一个项目，黄色性格认为应该这样做，同事认为应该那样做。黄色性格根本不屑过多口头争论，而是以自己的标准直接判断："这事我负责，你别管了，出了问题我担着。"

▲某人和黄色性格的同事出差，同住一房。夜晚，黄色性格的同事鼾声很大，他忍了三晚。到第四晚，同事再次打鼾时，他推醒同事，小心翼翼地说："你盖好被子，小心着凉。"同事翻了个身，不到十分钟，又打起鼾。他想，自己可能太含蓄，于是，再次推醒同事："你是不是没垫好枕头，所以才打鼾，对身体不好。"同事生气地说："谁说我打鼾，我就没睡着，我在深呼吸！"当黄色性格认为自己没问题时，无论别人怎么说，他都觉得自己是对的。

▲黄色性格的丈夫在女儿腹泻时，坚持给她服用小檗碱（黄连素），妻子说："两岁小孩还不会服药片，万一当成糖丸来嚼，药苦会引起呕吐。"丈夫坚持认为不会，结果孩子吐得差点要了命。妻子非常气愤，丈夫却说："未必是服药引起的，说不定是今天吃的其他东西引起的不适。"

画面：黄色性格坐在老板椅上，在别人递交的报告上画"×"，嘴里飞出刀剑，扎向对方，象征对他人正在严厉批评。

定义：容易发现别人的问题，且会强调问题的后果，用相当强烈的口吻来批评指责，要求看到对方的认同和改正。

▲黄色性格和家人一起看电视，电视正播放催人泪下的感动情节，家人哭成一片，他却无动于衷。当看到家人哭时，他还批评道："电视剧都是假的，假的有什么好哭的？太傻了。"

▲儿子考试成绩下滑，黄色性格的妈妈看到试卷后，直接责备："怎么才考了这么点分？早就跟你说了，不要看电视，不要玩电脑，以后取消你看电视和玩电脑的权利，你除了做作业外，什么事都不要干了！"儿子哭了起来："妈妈，为什么我之前考全班第一，你没有一句表扬？你除了发现我的问题、批评我之外，对我没有任何耐心，为什么你不能像其他同学的妈妈那样温柔地和我说话？"

▲某经理经常对下属说："要你们有什么用？""你长的是猪脑子还是人脑子？""你办的是人办的事吗？"下属中有一位比较敏感的女士，因为经常被责骂，夜晚梦见该经理，半夜被惊醒，坐起来痛哭，把家人吓坏了。

04　绿色性格牌释

画面：绿色性格围着"父母""爱人""孩子""朋友"转，把他人当作自己的中心。

定义：愿意因为他人的意见、想法、需求和感受而改变自己原有的态度和标准，为了让他人感觉舒服，自愿配合做出行动。

● 绿色性格的老婆和老公去兜风，老公开车被别人超车后很生气，莫名其妙冲着老婆骂了几句，老婆不但不生气，还连连认错。当对方发泄完平静后，绿色性格觉得挺舒服的，只要对方消气就好，自己被骂几句，又不掉肉，无妨。

● 绿色性格的同事定好下班后回家给老婆过生日，并早早买好生日蛋糕放在单位的冰箱里，但其他同事并不知情。加班时间，几个同事叫了外卖围坐在一起，把冰箱挡得严严实实。绿色性格的同事只是不时朝冰箱那边张望，也没告诉同事自己要打开冰箱取蛋糕，一直拖到同事们把饭吃完，他才走过去拿蛋糕，这段时间，老婆已打了几个电话催促。

● 绿色性格的女孩上幼儿园大班。一天，幼儿园老师告诉她母亲说她做事特慢，别的小孩都上完厕所回来坐好了，她还没从马桶上起来。母亲循循善诱地问了女儿原委，才知道她每次上厕所，都是让其他小朋友先上。

平和宽容
Calm and Forgiving

1

画面：绿色性格手持代表和平的橄榄枝，肚子里有一片水域，水面上有一条船，象征"宰相肚里能撑船"。

定义：内心平和，无所谓，对他人所做的一切，都可找到理由原谅和接纳，对自己的人生，也是随遇而安。

● 某绿色性格在单位待了八年，职位没任何变动，每年例行涨工资的比例赶不上通货膨胀。别人替他抱不平，他却没任何不满："就这样，也挺好。看看外面，还有很多人丢了工作呢，我能继续这么待下去，就蛮好。"

● 闺密跟绿色性格的朋友说："哎，你知道吗？昨天我看见你老公跟一个女人一起逛商场哦。"绿色性格说："哦，可能他在陪客户吧。"她心态平和，即便闺密这么说，她心里也不会泛起波澜。即使老公真的出轨，只要没在她面前发生，绿色性格也可以当作什么事都没有发生。

● 绿色性格的平和，不仅对家人、爱人、朋友，即便陌生人冒犯了他们，他们也可真正做到心无芥蒂。公交车上，有人踩了绿色性格一脚，他们依然可满面春风地说："没关系。"驾车出行，后面的车违规，险些酿成车祸，他们也只说："下次注意啊。"排队被人插队，其他人或许义愤填膺，他们替插队的人找借口："也许人家有急事呢。"

相安无事最重要
Harmony is the most Important

画面：绿色性格和狮子、兔子、猫以及老鼠一起手拉着手转圈跳舞，一派和谐景象。

定义：只要不冲突，就认为一切都很好，原则都是可以相互妥协、求得一致的。

● 绿色性格的男人夹在婆媳的糟糕关系间。每次老妈都对儿子说媳妇的不是，要儿子站在自己这边去教育媳妇；而老婆也总向老公抱怨婆婆的不是，要他站在自己这边和婆婆讲理。绿色性格的男人的做法是，当着老妈的面说老妈的好话，当着老婆的面说老婆的好话，对她们争执的事，不发表任何看法，只要大家不冲突，怎么都行。

● 绿色性格的老公从不主动做家务，像算盘珠，扒拉一下动一下，在工作中也毫无上进心。老婆因此多次发火，但每次都像一拳打在棉花上，老公毫无反应。一次，老婆骂完后，气愤不已，从卧室卷起铺盖，走向客厅，打算独自睡在客厅沙发上。老公说："你不要走啊，要走我走，要骂你尽管骂，只要别气坏自己就好。"

● 绿色性格的总监，从不替自己部门争取利益。一次，开部门总监会议，总经理要求这位总监的部门与另一部门合作完成一个项目，另一部门的总监以自己部门不熟悉业务为由，把吃力不讨好的工作，推给绿色性格的总监的部门来做，他们只做轻松且风光的工作。绿色性格的总监为求不争执，答应了下来。回到自己部门开会时，下属们听说后，纷纷抗议，该总监为息事宁人，便自己默默承担了大部分工作。

静待问题过去
Waiting for problems to go away

画面：绿色性格盘腿打坐，无数箭矢从他身边飞过，他还是安如磐石。

定义：不易发现问题，即便发现问题，也倾向于相信问题会过去，等待问题自动解决。

● 老婆偶尔一次晚归，见绿色性格的老公给孩子洗澡，孩子在澡盆里扑腾，水花到处都是，老公也不管。老婆问："怎么不管孩子？"老公说："没关系，让他玩吧，玩累了，自然就不玩了。"

● 绿色性格的同事在工作中，很多账目懒得核对，不能及时报销，曾一再被提醒，但他依然拖拉，觉得不用急，到了拖不下去的时候再说。结果，在他因工作关系离开公司时，仍有一万多元的账目对不上，不得不自己掏腰包。

● 每次去绿色性格的弟弟家，总是憋一肚子气回来。三个月前，弟弟家中饮水机出故障，家里无水可喝，当时，我叮嘱他赶紧换个新的。三个月后，再去他家，依然如此，我问他："为什么问题还未解决？难道你自己不喝水吗？"他说："我在单位喝饱了，回家不需要喝。"

画面：绿色性格蹲在一个盒子里，六把宝剑插进盒子，绿色性格蹲在宝剑与宝剑的缝隙间，在夹缝中求生存。

定义：即便他人对待自己的方式不合适或不好，也全盘接受；当环境不适宜时，依然留在原地。

● 绿色性格的大学生因脾气好，室友有什么事都要他去做。天冷了，大家都不愿去外面打开水，就要他去打，他就去了；晚上玩游戏肚子饿了，让他去买方便面，他就买了；大家逃课，让他去听课做笔记，回来给大家抄，他就干了。这些事情放在他人身上，可能会觉得吃亏，但绿色性格不这么觉得，别人要他干什么，只要无伤大雅，做就做了。

● 绿色性格的小孩最不易离家出走。一家两个小孩，老大打碎碗后逃掉，绿色性格的老二却站在那儿未动，老爸以为是他干的，拿尺子打得他手心通红，也不见他申辩和反抗。他不想引起冲突，宁可自己承受，只希望事情赶快过去。

● 火车上，绿色性格在中铺，下铺的两个人聊天说笑，夜已深了，还是很吵，他只好被子蒙头，强迫自己入睡却又睡不着，到天亮后，两眼斗大，哈欠连天。绿色性格打着"吃亏就是占便宜"的招牌麻痹自己，其实，就是不想和人发生冲突，为求息事宁人，凡事包容忍耐。

画面：绿色性格要爬山，面前两条路，一人说"左"，一人说"右"，绿色性格完全不知该听谁的。

定义：缺少自己的内心目标，所以，当别人给意见时，易受影响而听从，如果身边有两个或两个以上的人提出不同的看法，马上就无所适从。

● 公司年终旅游，让员工自己选择去哪儿。一些人主张去丽江，一些人主张去三亚，争论不休，决定投票。员工总数是奇数，投票下来，赞成去丽江的人和赞成去三亚的人一样多，最后一个没投票的人是绿色性格，众人注视期盼，结果，绿色说："我随便。"所有人崩溃。

● 我曾问一位绿色性格的上市公司老总："你怎么坐到这个位子上的？"他答："是他们要我做的。"原来，他从无上位的想法，凑巧公司经历了两次大的人事变革，高层出走，加上他一向好人缘，大家共同把他推上宝座。成为总经理，是别人给他的目标，而非他自己的强烈意愿。

● 饭店吃饭遇上绿色性格的好友，我们已快结束，她带着朋友刚进来。这间店大家平时中午常来，最近两个月来过不少于五次。朋友让好友推荐菜品，她犹豫半天，支支吾吾没方向，然后，不停朝我这边张望，我把我点过的都说了一遍，告诉她哪个比较好。她一听，松了口气，喜笑颜开地把我推荐的菜照抄了事。

性格色彩卡牌 III阶 小成

卡谁卡中

一副牌
让你瞬间懂人心

下篇

解牌之路

学完上篇"新手入门",你可快速用卡牌完成性格测试,得到性格色彩的分数和性格占比。但是,仅仅知道自己是什么性格,并不能真正解决你的问题。而下篇"解牌之路"即将要介绍的,正是卡牌应用的重头戏——解牌。

卡牌玩家,也就是"性格色彩卡牌玩家",是拥有解牌能力者中最入门的级别,是拥有卡牌玩家资格认证的半职业的性格色彩卡牌爱好者。

在这一章中,你将学会卡牌玩家"四板斧",无须具备任何性格色彩功力,即可根据牌面,简单四招,在常见场景下应用卡牌。

第一章

初学者入门破境『四板斧』

01   一板斧：首四攻心

定义：通过一副牌的最前排4张，可以看出牌主的最明显特质，快速解读可进入他内心。

用途：适用于与人初次见面时的破冰。通过它来链接人脉，在与客户洽谈时，可化解尴尬并建立信任感。

    我是一个自媒体运营公司的老板，去年下半年筹划直播的相关事宜，搭好框架后，我开始码人才梯队。意志所在，能量随来。我在直播行业头部企业的电商学院里面发现了一个人才，在短暂的接触之后，我发现她的能力特别适合做我们整个直播框架的总统筹。这时候我用卡牌玩家给她做了一下牌，发现她的"首四"牌是2张黄色优势加上2张蓝色优势。这样的人不但有行动力，而且善于思考，我一边看牌，一边迅速回想卡牌玩家课上所教的内容，洞悉了她的内心世界，再用她能接受的语言予以认可和肯定，她眼中一亮。

    这是我们认识后第一次聊天，一聊就聊了一个多小时。事后，她告诉我，她极少在工作中交朋友，一般都会和工作中认识的人保持距离，但是对我，感觉不一样，觉得我们是同类，我能懂她，无须语言就有默契。

    其实我只是学会了"卡牌玩家"的"首四攻心"而已。之后我奔赴杭州四次洽谈，前两次聊工作，后两次聊到生活，聊到喜欢的城市、小时候的梦想、理想的未来生活状态，等等。她逐渐确定了和我们团队一起工作是最符合她的理想未来规划的，于是从杭州辞职搬家来到北京。

今年二月份她到岗之后,将我们直播板块的业务处理得井井有条,直播整体的业绩也得到了大幅度增长,现在整个直播框架走上了正轨。

现在求职的人很多,但真正厉害的人往往不会流入求职市场。当老板,要想抓住或留住你想要的人才,不懂点"卡牌玩家"怎么行!

02　　　　　　　　二板斧：末四寻爱

定义：通过一副牌的最后4张，可以看出牌主适合的伴侣的特质，帮助牌主寻找真爱。

用途：在相亲或约会时，通过它了解彼此的择偶倾向及对爱情的期待。在朋友聚会时，活跃气氛，更有价值地交流情感问题。

作为一个大龄单身女青年，对于找对象这件事已经不抱什么希望了。学习卡牌本来是为了交更多朋友，没想到一学就一发不可收拾，不但学了卡牌玩家，还把线下的卡牌课都给上完了。

在卡牌玩家课上我给自己卡了一个"末四寻爱"牌，发现适合我的真命天子并不是我原先以为的事业心强极其上进的那种人，而应该是一个比较儒雅、心态很好的蓝色和绿色比较多的人。

回顾过往三十五年的人生，我上学时是学霸，毕业后出国留学读研，回国后一直忙于事业，身边接触到的都是和我一样拼事业的人，也谈过两次恋爱，却都无疾而终。

在没学卡牌之前，我以为自己就是"爱无能"，前男友们都抱怨我不解风情。但这次给自己卡了牌之后，我开始认真思考，也许按照卡牌玩家卡出来的结果，去寻觅一个没有那么忙于事业，而是善于享受生活，能以平常心过日子的人，会更适合我。但我也担心，身边圈子里好像没有这种人，这样的人是不是更加难找。

成为卡牌咨询师之后，我把卡牌作为自己的副业，工作之余，没事就给朋友卡牌，竟然真的遇到了一个这样的人，是我朋友的朋友，一位大学里的研究生导师，比我还小两岁，很有才华，谦谦君子的感觉。当时他看我给朋友卡牌，便说："你也给我卡卡吧。"这么一卡，就卡进了他心里，我把卡牌玩家的"首四攻心"和"末四寻爱"都用上了。通过他的牌，我发现了他在淡然的外表下的很多闪光点，而他听了我的解读后，也惊讶地说，活了三十多年，没人像我这么懂他。更让我高兴的是，他的理想伴侣牌面所展示的特点，我身上都有，真是缘分天注定，卡牌一线牵啊。

之后他为了感谢我，请我喝咖啡，一来二去，我们就开始恋爱了。现在感情很稳定，计划明年结婚。一切的一切，都要感谢性格色彩，感谢卡牌。

03　　　　　　　　　　三板斧：互四亲密

定义：两人互选 4 张关键牌，即可看出亲密关系中的得与失。

用途：既可在家庭聚会时，家人互动，敞开心扉，读懂彼此想法，也可与伴侣过二人世界时亲密互动，还可亲子间互通，走入孩子内心。

学完卡牌玩家，我最感兴趣的是"互四亲密"的用法。回到家，我很急迫地跟儿子玩了起来。

选好后一看，儿子眼中的我，和我自己眼中的自己，有一张不一样的牌面，让我再次地洞见了自己。我觉得在儿子面前我的情绪已经很淡定了，他作业写不完，我都按捺住不发火的，可是在儿子眼里，我居然"情绪化"。当他告诉我，其实我一点一滴的情绪都会写在脸上，也都会让他敏感的内心泛起涟漪时，我瞬间理解了为什么儿子很少在我面前开心或大笑，在他爸爸面前却要活泼得多，我意识到虽然我没有大声吼儿子，但我脸上的表情足以让他感到压抑。

幸好，卡牌玩家帮我发现了这个问题。我轻轻地跟儿子说："以后你如果感觉到妈妈情绪化了，就提醒妈妈，好吗？"儿子重重地点了下头。

同时，儿子眼中的自己和我眼中的他，也有一张不一样，而且是刚好正反面，我觉得他"随意"因为他总是在家乱丢东西，可是在他心里，他自己已经很有条理了。当我就着牌面和儿子交流时，感觉心静了下来，运用卡牌玩家的解读和提问技巧，儿子终于意识到，其实自己在条理方面做得还很不够。最后，我和他一起订立了每天收拾好自己东西的小目标。没有生气也没有任何的指责言语，在轻松愉快的氛围中，儿子认识到了自己的问题，这是以前从未有过的。卡牌玩家真的太神奇了！

04   四板斧：最二团队

定义：每人选出最重要的 2 张牌，即可读出该团队搭配组合的优缺点。

用途：团队中，每人选出最重要的 2 张牌，放在一起，就可以分析出这个团队的目标感、执行力、凝聚力等各项指标的情况。在进行团队培训或团队建设活动时，可以借此了解每个员工的想法，让彼此更好地协作，并可以在面试招聘时，快速判断员工与团队是否匹配。

我们老板学习了性格色彩卡牌玩家后，回到公司拿我们几个核心管理人员当小白鼠练手。老板说这种卡牌的使用方法叫作"最二团队"，这名字我们一听都有点晕，难道是说我们团队很二吗？经过老板解释，我们才知道，之所以叫这个名字，是因为它可以反映出我们团队最核心的两个特点，并由此可以找到团队搭配组合的最佳模式。

当我们一起按照他讲的方式选牌后，八个人中有好几种不同的组合，我们都看傻了，不知道啥意思。他围着我们摆的牌转了一圈，得意地（捻着并不存在的胡须）微笑着。我们都急不可耐地请求他快点告诉我们，这些到底是什么意思。他卖着关子，吊了我们半天的胃口才告诉我们："你和他，你们俩是志同道合，以后要想搞新计划，你们一起商量，会进展非常快！""你们两个，看问题角度恰好相反，各司其职就好啦，公司管理层也需要不一样的声音，可以规避头脑过热的风险。""还有你们，最适合的合作方式是抓大放小、求同存异……"

这次分析完后，我们根据今年的重点项目，结合各人的经验和能力，在人员组合方面做了调整。自这次调整后，我们感觉工作更顺了。更重要的是，每当团队内部出现不一致的声音时，我们都会用老板给我们分析卡牌时说的话来相互提醒："卡牌已经告诉我们啦，我们求同存异就好了，只要能拿到好的结果，没必要纠结谁对谁错。"当每个人更清楚自己内心最想要的是什么，也都更了解团队中的他人想要的是什么时，很多冲突自然就消弭于无形了。

仅仅过了一个季度，我们比去年同期业绩就增长了37%！在市场行情不好的情况下，这简直就是个奇迹，卡牌功不可没！

从本章开始，你将正式进入卡牌读心的阶段，有了性格色彩基础功力的加持，不但可以读懂牌面，根据规律做出判断，更能结合性格色彩四大功力中的"洞察"，察言观色，见微知著，人牌合一加以深入解读。

卡牌咨询师，是熟练掌握性格色彩卡牌测试、12张牌读心，可收费进行卡牌解读或咨询的专业人士。完成学业并合格后，便有资格登录为性格色彩卡牌咨询师、卡牌教练们打造的互联网接单平台——性格色彩卡牌星球（见书签上小程序），共享性格色彩线上流量，足不出户便能走进人们的内心世界。性格色彩卡牌咨询师的学习，需历经性格色彩Ⅰ阶和性格色彩Ⅱ阶两个课程。但无论你是先看书再去课堂，还是直接去课堂，本阶内容，都是必修。

在接下来的四章中，你将学会：

- 解读关键牌，捕捉核心信息；通过一副牌，点破对方内心状态，与之同频对接；
- 通过一副牌，系统且全面解读一个人的各种状态，性格与个性，行为与动机；
- 通过一副牌，不单解读性格，还能看出个人遭遇的经历及当下面临的问题。
- 通过两副牌的选择，摆出情感关系牌阵，分析并解决对方的情感关系问题；
- 通过两副牌的选择，摆出亲子关系牌阵，分析并解决对方的亲子关系问题；
- 通过两副牌的选择，摆出职场关系牌阵，分析并解决对方的职场关系问题。

第二章

卡牌读心——一副牌探索人心奥秘

01　　　　　12 张牌读心的解读规则

卡牌的用法千变万化，针对每种用法，都有相应的解读规则和步骤。针对第二章的基本摆法，"12 张牌读心"可按以下规则解读。

规则一：初判性格

四种性格色彩的分数中，高于 10 分，为显著分，是牌主性格中明显的性格色彩；低于 10 分，为不明显的性格色彩。当我们在说一个人是什么性格色彩时，通常指的是他明显的性格色彩。

最高分的色彩，为牌主的主色。例如，下面这副牌面：

红色 13 分，蓝色 3 分，黄色 8 分，绿色 8 分。

在四种色彩分数中一骑绝尘，最显著突出的高分为红色 13 分，所以，按照牌面来看，牌主是红色性格。

如果有两个色彩的分数都高且接近，则这两个色彩都是主要性格色彩，也就是性格色彩专业概念中的"组合色"。例如，下面这副牌面：

红色 15 分，蓝色 3 分，黄色 13 分，绿色 1 分。

在四种色彩分数中，最高分红色 15 分，次高分黄色 13 分，两个分数接近，所以，按照牌面来看，牌主性格是红＋黄。

判断出牌主性格色彩后，就可结合四种单色（红色、蓝色、黄色和绿色）和八种组合色（红＋黄、红＋绿、蓝＋黄、蓝＋绿、黄＋红、黄＋蓝、绿＋红、绿＋蓝）的定义，来对牌主的性格做出诠释。

详情见《性格色彩原理》第 12 页。

规则二：概括说明牌主的性格优势和过当

将所有 1 分牌的词语关联，即可评估出牌主的性格优势；同理，将所有 3 分牌的词语关联，即可评估出牌主的性格过当。

牌主的优势：自律，乐观，乐于分享，平和宽容，越挫越勇，以他人为中心。

卡牌咨询师：你是一个对自己严格要求，凡事积极看待的人，同时你愿意与他人分享交流美好的事物，心态也比较好，有一定的抗压性，比较关注他人的感受。

牌主的过当：随意，缺乏主见。

卡牌咨询师：你是一个比较随性的人，有时可能会缺乏条理，同时你对于自己想要的，也不是那么坚持，这些可能会给你带来一些不好的影响。

牌主的优势：乐观，乐于分享，越挫越勇，目标坚定，有条理，平和宽容。

卡牌咨询师：你是一个积极快乐的人，可以通过主动的分享感染带动他人，抗压性也相当强。同时，你对自己想要什么比较清楚，不轻易受他人左右，而且你做事情比较有条理，对人对事的心态也比较平和。

牌主的过当：以自我为中心，情绪化。

卡牌咨询师：你的主见极强，考虑问题时会主要咬死自己要达成的目标，自动忽略其他无关的干扰，同时，情绪的问题可能会对你产生相当困扰。

规则三：说明牌主的内心

所有的 2 分牌，都是中性描述，代表了人的思维方式、价值观、理念等，将 2 分牌的词语联系在一起，可评估出牌主内心状态。

083

牌主的内心：主动帮助他人，事情结果最重要，发现问题先解决，相安无事最重要。

卡牌咨询师：你有强烈的助人意愿，以结果为导向，而且你既想快速解决问题，又希望人际关系不发生冲突。

乐观 1	乐于分享 1	以自我为中心 3	越挫越勇
情绪化 3	他人认可最重要 2	发现问题先解决 2	目标坚定 1
主动帮助他人 2	条理 1	坚持原则最重要	平和宽容 1

牌主的内心：他人认可最重要，发现问题先解决，主动帮助他人，坚持原则最重要。

卡牌咨询师：你比较希望得到他人的认可，也想要快速地解决问题，而且你有助人之心，比较有原则性和规律性。

当然，作为卡牌咨询师，不能只是一张一张地解释，更要结合牌主的实际情况，将不同的牌串联起来，在理解的基础上解读，这样才会让牌主有被读懂的感觉。

在性格色彩Ⅱ阶课堂上，一位学员很苦恼地告诉老师，有次乘飞机，旁边坐着一位保险行业刚参加完MDRT（百万圆桌会议成员）的老大哥，两人聊得投缘，他就让老大哥摆了自己的卡牌。人家摆出来，第一排，有张"乐于分享"；最后一排，有张"自律"。

因为这位学员觉得老大哥为人热情，也很健谈，性格是明显的红色，所以，解读时说："你乐于把好东西和好想法分享给身边的人，这种热情，实在太让我喜欢了！只是你在'自律'方面做得还不够，还要更自律一些。而且'自律'这张牌的反面是'情绪化'，你是不是这张牌没选对，再想想，也许你在生活中还是挺情绪化的吧？"

如此一说，老大哥对"不够自律"之说，反应颇为强烈："我以前是有情绪化的问题，现在完全没有了。这些年做了保险，每天五点起床，晨会前都写发言稿，自律着呢，否则，怎么能做到 MDRT 会员。"

被人家回怼了后，学员很沮丧。导师告诉他："你遇到的这位老大哥是红色，红色渴望得到关注和认可，因为他的优势——'乐于分享'非常明显，他身边应该已经有很多人这么夸他，他自己也把这张放在第一排，所以，当你认可他这点时，他当然没有太大感觉。而他最后一排的优势'自律'并不突出，但这点恰恰是他最需要别人来关注和认可的。所以，当你否定他'自律'时，人家会有巨大反弹。"

学员问："老师，那该怎么解读呢？"

导师说："如果是我，我会说，你非常真诚，有很多红色的优势，热情、开朗、健谈、愿把好东西分享给别人……这些优势太多了，说不过来，但我觉得从这副牌来看，你最珍贵的是这张'自律'。因为大多数红色都有情绪化的问题，而且很难做到自我约束，但在你的牌面中，会有这张'自律'，太难得了，我大胆揣测下，你可能做出很大努力，或经历过很多事，才让自己拥有了这个优点。"

学员茅塞顿开。当晚，微信跟老大哥聊天，把当初牌面拿出来，重新解读。这次，从老大哥发的语音可以听出来，他哽咽了，还主动分享了很多自己小时候的经历，以及为何从四线城市的一个副处级干部下海。一聊两小时，聊完后，老大哥主动提出希望自己也能运用性格色彩帮助自己的保险客户。

结果，学习后，团队在四个月里取得的成绩，相当于原来拼死拼活两年零七个月的业绩。

故此，本书上篇第三章，对每张牌面的词语进行了解析说明。熟读本章，牢记于心，灵活运用，可成大事。

02 12张牌读心的常见问答

一问：我给朋友做卡牌，摆好后，我看着他的牌面，一片茫然，不知说什么，怎么办？

回答：初学者开始实践时，建议随身带本书，当对方摆好卡牌后，按照上节"12张牌读心的解读规则"，先根据分数判断性格类型，再翻到上篇第三章卡牌词语解析，对应每张牌面，参考本书定义来解读。

二问：我帮朋友解读卡牌，他说我说得不准，怎么办？

回答：得到如此反馈，说明：朋友很真实，而非为了敷衍你而凑合着勉强违心认可。得到这样的反馈，可让你有机会进一步修正自己对朋友卡牌的解读，提高自己的功力。

第一，朋友对卡牌有进一步探讨和辩论的欲望，这是好事。不妨以开放的心态，先听听他指出你的解牌到底哪句话不准，再继续追问下去，这样，可更深入对方的内心世界。

第二，当朋友说你说得不准时，你最佳的提问方式有三种："能否说说我刚才哪句话解读不准？你自己对这个问题的看法是什么？能具体说明吗？"

三个问题问完，你自然就会知道问题出在哪里。在性格色彩II阶课程中会学习到，不同性格对同一词语的理解完全不同，只有具备性格色彩功力，才能精准解读卡牌的千变万化。

三问：我给人解读卡牌，对方说我分析得很对，他知道自己是有这些不足，问我他应该怎么改，我应该如何回答？

回答：恭喜。这是一个好现象，说明牌主对你的解读相当认同，作为一个卡牌玩家，你已经合格了。前面说过，你能带领提问者走多远，取决于你的性格色彩功力有多深。如果你成为性格色彩卡牌咨询师，就会有更专业的建议提供给提问者；如果你暂时还没有完成资格认证，可针对对方性格中的优势和过当，建议对方更好地发挥自己的优势，避免自己的过当。

四问：我是一个人力资源管理者，之前，常用乐嘉老师书上的30道性格色彩简易测试题作为我们企业的招聘工具，很好用，现在有了卡牌，那么卡牌在招聘时该怎么使用呢？

回答：作为招聘面试的性格测评工具，卡牌有独特优势。相比其他问卷测评，卡牌更生动和灵活，可在极短的时间内得到一个答案。如果你还不是性格色彩卡牌咨询师，可先按书中讲述的方法，让对方摆出自己的卡牌，来初步评估对方的性格色彩，再考虑所招聘的岗位需要哪种性格，来做简单匹配。如果你已经成为卡牌咨询师，掌握了专业追问技巧，可就着牌面，直接深入挖掘对方内心的想法，这会更有效地判断他是否适合这个岗位。

五问：听说卡牌可用来拉近与客户的距离，具体怎么用？

回答：对销售和客服而言，搞好与客户的关系，就赢得一切。从与客户关系的建立、经营和维护来看，可分三个阶段：

第一阶段，破冰期。用卡牌给客户做性格色彩测试，判断客户性格的同时，和客户找到一个可持续交流的有趣话题，而非只谈产品。这会让客户更有兴趣和你交流，如果你已经系统学过性格色彩课程，还可根据客户性格，有针对性地选择适合的沟通方式。

第二阶段，深入期。需要具备一定的性格色彩知识，最好参加过性格色彩II阶和性格色彩III阶课程，可根据客户选的卡牌，深入交流，走进客户的内心世界，成为客户生活中的知心好友。

第三阶段，巩固期。用卡牌不时帮助客户解决人际关系中存在的困惑，这样，客户不但会主动与你长期保持联系，还会把身边的资源介绍给你，帮你拓展业务。

六问：我特别想了解下属的性格，但我担心他们做卡牌时，为在我面前表现好而伪装自己，影响结果的准确性，该怎么办？

回答：这种情况有可能会存在，所以需要来学习性格色彩卡牌咨询师课程，学会专业地根据牌面发问，找到对方的真实性格。

七问：相亲时可让对方做卡牌吗？解读时需注意什么？

回答：绝对可以！这将是你们奇缘关系的加速器，也是甄别关系是否合适的法宝。合适，加快缘分；不合适，及早甄别。

所有与陌生人初次见面的场合，卡牌都是一个最有效、最快速打开局面的工具。不单相亲时可做卡牌测试，当你偶遇一个心仪对象时，为了不错过缘分，也可主动提议玩卡牌，这是一个很棒的开场。当然，如果遇人不淑，卡牌也可帮你更好地辨别，逃过烂桃花一劫。

给初识者做卡牌测试时，请注意：第一，尽量多使用认可的语言，多发现对方在卡牌中的优点，并表达进一步了解对方的兴趣和欲望。第二，解读尽量简短有趣，切忌长篇大论。第三，说一半留一半，作为再次交流的契机。

八问：一家三口想一起玩卡牌，游戏之余增进相互了解，应该怎么操作？

回答：至少购买三副卡牌。一家三口，每人拿一副卡牌，相互不看，先同时摆出三人中的一个人，比如，爸爸摆自己，妈妈摆"妈妈眼中的爸爸"，孩子摆"孩子眼中的爸爸"。三副牌摆好以后，放在一起对比，立刻就能看出差异。对三副牌摆出来不一致的地方，妈妈和孩子可分别说说自己为什么对爸爸有这样的看法，爸爸也说说自己的想法。一个人测完后，再测另外两人，方法完全一样。三人都测完后，彼此再交流感受。很多卡牌学员都通过这个方法大大增进了家庭关系的融洽，相信你也会因此有意想不到的收获。

九问：可以给孩子做卡牌吗？

回答：性格色彩卡牌并无年龄限制。玩卡牌的限制，仅在于牌主是否能理解牌面上的词语。经过我们的研究和实践，小学三年级以上的孩子，已经可以自主完成卡牌测试，并且不影响结果的准确性，也许有个别词语不理解，家长略做解释即可。对年龄更小一些的孩子，则需要家长拿着卡牌，一张张给孩子解释这些词语的意思，用孩子能听懂的语言加以诠释，帮助孩子做出自己的选择。令人欣喜的是，十岁以上的孩子，不但可以和大人一起做卡牌，经过专业学习后；也可以成为"小小卡牌咨询师"，给其他人做卡牌。在我们性格色彩的学员中，就有年仅十二岁的小卡牌咨询师，用卡牌了解了同学们的性格，用卡牌成为班级里最受欢迎的人，还在一个孩子想不开要跳楼的时候，成功用性格色彩挽救了同学的生命。（详见《性格色彩72变》）

第三章

卡牌读心十二探

01　为什么小时的我和现在的我不同

卡牌有个神奇简单的功能：根据每个人不同人生阶段的表现，选出相应卡牌，再两相对比，会有惊人发现。

练习：选出"小时候的自己"的卡牌，再选出"现在的自己"那张卡牌，对比后，看看有哪些不同。

一位学员回忆"小时候的自己"时，认为自己最突出的性格是"乐于分享"，但如果让他按现在的自己来选，最突出的特点却是"内心保守"，完全相反。

他记得小学上课时最喜欢做的事，就是和前排女生说话。老师台上讲课，他在台下讲话，老师讲个不停，他也讲个不停。老师发现后下令不要讲，女生就不和他讲话了。但他不讲话，浑身憋得慌，安静了没几分钟，又揪女生的辫子，女生一回头，他抓住机会，赶紧又讲。最后，惹恼了老师，老师呵斥让他去门口罚站。他站在门口，看其他班的同学或老师路过，就笑嘻嘻地和人家打招呼。众人好奇，问他:"怎么了,为何站在门口?"他无比开心:"罚站呢。因为我上课讲话了……"就罚站这个话题,又和外面的人聊一聊,停不下来,又是半天。

也就是说,小时候,他是"不讲话就会被憋死"的孩子,同龄孩子中他是超级话痨,现在却成了话最少的一个。

第一次来参加"六字真言演讲心法"课程,人人上台做三分钟自我介绍,他一直拖到最后,还是很不情愿地被推上台,上台说了两句,脸涨得通红,不知所措。

为何同样一个人,少时叽叽喳喳,长大无话可讲?如果没有卡牌,也许我们对他的印象就停留在此刻这个沉默寡言的他。好在,有了卡牌。卡牌咨询师让他摆出"小时候的自己"和"现在的自己",一对比,当场发现了问题的关键。

卡牌咨询师问:"你从何时开始话变得少了?"

这个问题,让他五分钟没说话,陷入沉思。其实,一切转变源于初中。父母冲突剧烈,整天吵架,家里开武行,锅光盆影,飞来飞去,他变得越来越没安全感。有时,因他无心的一句话,也会引发父母大打出手,打那之后,他说话就越来越小心翼翼。

记得有一次周末,父亲一早出了门,快吃晚饭时,母亲给他下了碗面,自己去赴宴。父亲回来,见母亲不在,问:"你妈去哪儿了?"他答不上来。父亲摔盆砸碗,咆哮:"你个废物,连你妈都看不住,不如死了算了!"他吓得躲在墙角,哭都不敢哭。到了半夜,母亲带着一身香水味回来,父亲怒气更甚,当着他的面又吵又打,一只碟子擦着他的耳朵飞到墙上碎掉,他的耳朵被划伤,血流如注。

此后,他在家里,不再开口,父母问他,也只"嗯""啊"作答。

初中毕业,父母正式离婚,他被判给父亲。离婚后的父亲整天酗酒,很少关心他的学业和生活。母亲改嫁,远离了原来的城市。他变得善于察言观色,心里话无人倾诉。学校里,总感觉同学用异样的眼光看他,于是,不再跟同学嘻嘻哈哈。有时,同学拍他一下,跟他开个玩笑，他都觉得同学看不起他，在学校里也不怎么讲话。

他渐渐感觉自己在人际交往上没有了优势，庆幸的是，他的数学成绩不错。慢慢地，他减少了和同学打球的时间，把更多时间花在做题上。再后来，他以理科高分考进大学，与人的交流变得更少，同学给他的评语都是"书呆子"。

来到性格色彩课堂时，他三十六岁，是名资深工程师，技术"大拿"。除了得到集团老板表扬时会欣喜，实际上，他完全不喜欢这份工作。内心深处他渴望跟人交流，绽放自己，但真正面对别人时，又把自己包裹起来，害怕跟人交流。正因这份矛盾，他希望自己能增强自信，变得更有力量。他想改变，于是，鼓起勇气走进乐嘉演讲课的课堂。

一个红色性格，从小爱说话，具有突出的"乐于分享"的特点。由于父母吵架、家庭矛盾严重，长期处于不安中，久而久之，变得不敢说话。持续的自我封闭，让表达力下降。

虽然他内心深处是依然追求快乐、渴望得到他人认可的红色性格，但外表呈现出来的，却是沉默寡言的蓝色性格，所以，当他摆"现在的自己"时，才选了"内心保守"这张牌。

初学性格色彩、刚知性格色彩卡牌的人，往往会问："为什么要找到真实的自我？不管我是什么性格，只要知道自己想变成什么样子，努力往那个方向，不就行了吗？"

答案很简单：首先知道自己原本是什么样子，才能知道如何修炼成你想要的样子。

好比，很多人喜欢健身，为练出好看的肌肉，拼命练器械，殊不知，练肌肉前，如果不了解身上肌肉的现状，哪块增肌，哪块塑形，怎样整体平衡，越盲目用力，就会越畸形。也就是说，如果没有很清晰地了解自己，如果不知道自己原来的样子，只是一味朝某个方向去努力，很可能事倍功半，付出与收获，最终背道而驰。

又比如，一个女生没对象，屡次相亲，都没后续，当她完全没有洞见时，只会盲目将自己与那些婚姻幸福的朋友对比，她以为原因是自己不够优秀，所以，工作之余报了很多课程：国学、营养师、插花，甚至跑去学滑板，结果，钱花了一堆，课学了一堆，还是没结果。当她真正洞见自己后才发现，真正的原因是自己的个性太强势太冷淡。所以，每次相亲，人家不是对她的条件不满意，而是觉得跟她沟通有心理压力。当她系统学习了性格色彩课程，真正修炼了个性，多了温柔平和、更加绽放后，再去相亲时，橄榄枝多到让她手忙脚乱。

对那位资深工程师而言，通过卡牌，认识到自己原来是红色性格，这至关重要。

当他找到了真实的自己，明白自己内心快乐的根源是表达自我、打开与人交流的通道、获得他人的认可和肯定时，也就找到了上台演讲的真正动力。

在"六字真言演讲心法"的课程最后，他把自己从小到大的经历，写成一篇有真情实感的演讲稿，用最自然的方式讲了出来，他感觉自己回到了小时候说话时那种光芒万丈的场景。当他流下眼泪的那一刻，举座共情，为君惊叹。

02 为什么我看的我和他看的我不同

卡牌不仅可以自己摆自己，也可邀请熟知你的亲友，摆出他们眼中的你。

据《性格色彩原理》所述，你眼中的你和别人眼中的你往往有很大差异。思考别人摆出的他眼中的你，就像多面不同的镜子，360度全方位审视自己，会有意想不到的强烈的心灵冲击。

练习：用卡牌摆出"我眼中的我"，再邀请一位熟悉你的人，对他说，请摆出"你眼中的我"，看看有何差别。

一位企业高管在参加性格色彩课程时，导师要求每个学员用卡牌先摆出"自己眼中的自己"，再请家人摆出"亲人眼中的你"，看看有什么差别。结果，她自己眼中的自己，"平和宽容"在首位，但丈夫眼中的她，排在首位的居然是"批判性强"，完全相反！也就是说，她最引以为傲的特点，在她老公眼中，完全不存在！

这让她百思不得其解。因为她觉得自己很少为小事动怒，凡事皆

从大局着眼，处变不惊，十分平和。

导师问她："你为何认为自己是平和宽容的人？"

她想了想说："下属犯错，我从未发脾气，只会提醒他们一次。我的手下必须是精兵强将，如果他们不称职，我会直接解雇，事实上，之前也的确有人被我解雇过。所以，我的下属工作都很努力，相处平和，不像其他部门，领导常骂下属，我看不上那些喜欢骂人的领导。"

大家一听，恍然大悟。

原来，她所理解的"平和宽容"，并非字面意思的"绿色性格"，而是黄色性格的"以结果为导向"，是性格中杀伐决断的体现。这种坚定，可带来工作中的严刑峻法，团队噤若寒蝉，不敢犯错，虽然表面上不冲突，但在人际关系中，人们会产生强烈的距离感。这跟绿色性格的"你好我好大家好"的那种"平和"，有着天壤之别。

随后，导师布置了一项作业，让她下课后跟丈夫通话，问为何会觉得她"批判性强"。她丈夫讲了一个例子：

有一次，女儿从学校回来，忘记把新买的伞带回来。再三追问，女儿才想起来，伞忘在了公交车站，估计被人拿走了。丈夫心软，说了女儿几句，让她以后注意些，就没再说什么了。可她当时没讲话，第二天早上，丈夫先出门，等女儿出门时，恰好又下雨，她就让女儿不带伞淋着雨去学校，女儿不敢反抗，委屈地哭着出了门。当晚回来，丈夫知道后，问她为什么要这么做，她说："你知不知道她已经弄丢了三次，这已经是第四次了！"丈夫说："小孩子弄丢东西很正常，多说她几次她就知道了，没必要这么惩罚。"她说："屡教不改，说没有用，只有让她知道后果，才会改！这毛病不立马改掉，小时丢伞，大时丢命！"

结合这位高管自己对"平和宽容"的理解，可看到：她认为，自己不轻易发火，不会动不动就发脾气，也不会花很多唇舌去批评别人，所以，批判性不强。而她丈夫认为，孩子这么小，犯几次错误很正常，何况丢伞不是什么大事，你对她这么高要求，不惜用严厉惩罚的方式，一定要她立马改掉，这比言语批评更可怕。

当你发现"我眼中的我"和"别人眼中的我"不一样时，最好的方式是，请对方说出他看到你身上这个特点的具体表现，也就是"请举例，让我知道我哪里让你觉得我有这个特点"。当他举例后，就可一起来探讨不同的人对同一件事的感受的差异。

无论是对一个团队，还是对一个家庭，这都是一个千载难逢的绝佳契机——可以让成员彼此自然地说出心里话，知道人家心里的真正想法，加强真正的沟通、消除彼此的误解与隔阂。这可是比"真心话大冒险"好用百倍的绝佳利器。没有什么比这个练习更让人期待的了。

经过充分交流，丈夫理解了她的想法。

作为黄色性格的母亲，她希望女儿有自我管理能力，能为自己的错误承担责任。与此同时，黄色性格还有一个根深蒂固的想法：只有承担后果，才能牢记，不会再犯。丈夫问她："女儿淋雨，病了怎么办？"她答："我看过天气预报，评估过雨势，那点小雨，不会淋病。"丈夫一下子明白，妻子并非出于一时愤怒而情绪化地惩罚女儿。但丈夫也提醒妻子："对女儿来说，淋雨并不是最重要的，而是她有强烈的委屈感，会觉得妈妈不爱她，这对母女关系并不好。"

通过这次交流，她回到课堂开始反思。她意识到虽然她的出发点是好的，但需要跟女儿有更多沟通和交流。课堂上，老师讲的一个黄色性格父亲的案例震撼了她：

一个黄色性格的父亲整天忙于工作，妻子和女儿都在异地。女儿上初中，学习和生活都是妻子在管，这位父亲觉得只要多挣钱，让家人有好的生活，就是对她们好。

一天，他接到女儿的电话，女儿欲言又止，最后说："爸，我遇到一件事情，想问下你……"他正好有个电话会议要开，说："我没空，问你妈。"于是，女儿挂了电话。

又过了几天，女儿又打电话，还没开口，他便说："我现在忙，你可以五分钟说完吗？"女儿想了想，说："算了。"就挂了电话。他察觉有异，想找个时间问一下孩子妈，但因为忙，忘了。

一个月后，孩子妈哭着打来电话，说孩子自残，手腕上割了很多口子。问她为什么，她也不说。这时，他想起女儿的那两通电话，虎躯一震，紧急返家，和妻子一起问孩子，孩子却不肯说了。

后来，他放下工作，和妻子一起，花了一年时间陪伴女儿，女儿才慢慢说出实情。她因为早恋，在学校被同学取笑。早恋对象也是敏感的男孩，后来，两人在网上加入一个吐槽社群，负能量满满，女儿的情绪越来越低落，在纠结痛苦时，恰好母亲又要工作又要照顾家，脾气和状态都不好，女儿打电话给父亲，是希望从父亲那里获得力量和建议，被父亲拒绝了两次，于是，关闭了心门。还好，母亲最终发现得比较早，女儿尚未泯灭生的欲望，如果再晚些，后果不堪设想。

对情感丰富的儿女而言，即使黄色性格的父母内心是爱孩子的，但忽略孩子感受的举动，会让孩子误解，甚至留下终生阴影。

黄色性格的女高管深刻反思了自己，发现自己在工作和家庭中都有同样的问题——不关注他人感受。幸好在性格色彩课程和卡牌的帮助下，她及时看清了自己的问题。而黄色性格的行动力又很强，可瞬间调整：工作中，既坚持原则，又能关注下属的感受；家庭中，多和丈夫、孩子沟通，学会抚慰孩子的心灵。

03　为什么表面的我和内在的我不同

作为卡牌咨询师，常会发现，某张卡牌的漫画对某人而言，有特别的魔力，有时，注视不语，就会感受不一。

练习：请牌主任意选一张卡牌，问："当你看到这幅画时，你想到了什么？"

你会发现牌主对某些画面有特别想法，甚至，看着某幅画就会落泪。

如果你的牌主告诉你，他在看某张牌的时候，感觉到心底有情绪在涌动，不要忽略这个信号，也许这就是走进对方心灵深处的一扇小门。你可以和对方开放地探讨这些感受，帮助他找到自己内心的答案。

卡牌咨询师在给一位三十岁的已婚男士做卡牌解析时，他看着"逆来顺受"这张牌，眼中涌起泪水。

卡牌咨询师问："你想到了什么？"

他说："我想到了我在家里，就像画上的这个小人儿，在刀剑的缝隙中生存。"

在卡牌咨询师的耐心追问下，他说出隐藏在内心许久的痛苦。

从小到大，在外人眼中，他是一个"老好人"，脾气好，会照顾人，一起出去吃饭或出去玩，总是迁就别人，赢来一个"好好先生"的称号。

其实，这并非他的真实性格。

因为父亲早逝，母亲一人把他抚养大，母亲性格强势，让他变成了"妈宝"，凡事听从母亲的安排。至今他还记得，在他上小学时，有一次他不想写作业，想跑出去玩，他妈拦在门口："你敢出门一步，我就一头撞死在门口！"他立马吓得缩了回去。从这以后，他再也不敢不遵从母亲的意见，所有事都是母亲替他决定，他习惯了顺从别人的意见，不表露自己的想法。

他老婆在婚前是个温柔的女孩，他正因为喜欢老婆的这个特点，所以，才追求她。没想到，婚后，老婆越来越强势，而且和他妈经常发生冲突。有了小孩后，他妈和他老婆教育孩子的理念完全不同，天天为孩子的问题吵架，他夹在中间，左右为难。

最近一次，老婆跟老妈顶了几句嘴，老妈闹着开煤气自杀，他赶紧去安抚老妈。老婆看他不向着自己，一气之下，抱着孩子往外走。老妈见状，冲到厨房就要拧煤气开关。他无奈，只有先抱着老妈求饶。等把老妈劝下来，老婆已不见了踪影。这时，老妈又急了，让他去把小孙子追回来。他打电话给岳父岳母甚至是老婆的闺密，都说老婆没去他们那儿。

当时，天色已黑，他饭也没吃，开车到处找，心急如焚，最后发现，老婆其实没走远，就躲在小区里一个角落。为了平息老婆的怒火，他只好再三认错，把一切不是都揽在自己身上，央求老婆回家。

几乎每次的冲突，结局都是他放低自己，不断认错说好话，才平息下来。但他内心积压了很多委屈。当他看到"逆来顺受"这幅画时，觉得自己就像那个小人儿，老妈和老婆的怒火就像那些刀剑一样不断地朝他扎来，而他一直屈身在缝隙之中，刀剑却更密集，他已经在世间快没有任何藏身之地了。

他诉说完这些，轻松许多。事实上，这是他多年来第一次把藏在心里的感受讲出来。

当我们看着某张卡牌，突然有想哭的冲动时，不需抑制自己的眼泪，也不需隐藏自己内心的感受，接纳那个最真实的自己。因为面对自己的虚弱，是我们变得更有力量的开始。

以性格色彩分析，他原本性格是红色，因受家庭影响，外在像绿色性格，以至于别人都以为他是一个"老好人"，其实，他内心蕴藏着极其丰富的情感。当他迁就别人时，嘴上说"无所谓"，心里其实"有所谓"。

母亲的强势，让他从小恐惧，害怕与人冲突，所以，常常无原则地妥协。在他和母亲两人生活时，这种妥协，只让他丧失了为自己做主的机会，并没给他造成根本困扰，尚可得过且过。只要事事听娘的，就可维持家中和谐。

但是，婚后家里多了个人，老婆原以为嫁了一个事事都听自己的、以自己为中心的男人，可这男人在老妈和老婆意见不一时，居然"墙头草两边倒"。是可忍孰不可忍。

所以，老婆和老妈成了对峙双方。

老妈的强势刺激了老婆，尤其涉及孩子问题，双方各不相让。当家里冲突越演越烈时，"好好先生"除了两边认错，没有任何办法解决问题，也做不出任何公允的决断。

最后，他发现家里的冲突，自己无力解决，即便他把自己放到最低，冲突还是不断发生，让他充满了恐惧、不安和痛苦。而这一切，他无法对任何人诉说,因为在外人面前,他还是维持"家里一切都好"的假象。

很多时候我们内心充满了委屈和无力感,这会让我们更加想要逃避,而不是去面对问题。当运用了性格色彩去直面问题、分析问题时,才会发现,其实都是性格惹的祸。尤其在家人之间,很多冲突源于对彼此性格的不了解。

如果没有这次卡牌分析,如果卡牌咨询师没有让他看着这张牌说出自己的感受,也许他会把这份委屈和痛苦一直深藏心里,直到彻底崩溃。幸好,当他说出一切,就意味着开始了真正的自我洞见。

最终,他反思了自己,看着"逆来顺受"这张牌的反面"越挫越勇",有了新的感受:"这幅画上的黄人,努力攀登,即便身边不断有人掉下去,依然毫不畏惧,这份勇气,正是我缺少的,也是我此刻急需的。"

针对他的情况,卡牌咨询师建议他和老婆以及老妈分别单独沟通,接纳她们对他的不满,也把自己心里的真实感受告诉她们。更重要的是,在今后的家庭事务中,勇敢承担做决定的责任,把自己的看法也讲出来,和家人一起商量,逐渐起到主心骨的作用。

如果你也有和他相似的问题,请记住,最能帮助你的人就是你自己。要找到自己性格动机深处的原动力,知道自己为何而做,也要明白自己性格的短板,从其他性格色彩的人那里学习到自己所不具备的优势,为我所用。

当他回到家里时,老婆和老妈大战正酣。这次,老婆觉得活不下去了,扔下在床上哭的孩子,披头散发,蹲在地上大哭大闹。如果没有做过卡牌咨询,没反思过自己的问题,也许看到这一幕他就呆住了，也许他会往后退，等老婆自己平静下来。但这一刻，他不知哪儿来的勇气，一把把老婆从地上拽起来，使劲搂在怀里，大声对着她的耳朵说："你到底想怎样！说出来，我为你解决！"刹那间，老婆被他这种霸气的举动震晕了，一时无语。他一手搂着老婆，一手搂着老妈，对她们说："妈！老婆！我爱你们！你们再别吵了！你们再吵，我会很伤心的！"瞬间，老妈也感动落泪。一家人哭成一团。

哭完后，他立刻召开有史以来第一次家庭会议，让老妈和老婆围坐，自己居中，让双方轮流说出不满，希望对方做到什么，他从中裁决。他忽然发现，当他把内心感受释放以后，整个人更有力量，头脑更清楚，他的话语在家庭中开始有了真正的影响力。

就如这位牌主，从性格色彩卡牌中获得力量的人不胜枚举。当你拥有了属于自己的力量，有了对自己性格色彩的深刻认知，对他人性格色彩的了然和释然，一切就会变得很简单。

04　为什么自知的我和真实的我不同

选择卡牌时,"误读"时有发生。也就是说,选牌的人,他对词语的理解,可能和你完全不同。记住:

他和你,对同一个词的理解,可能完全不同!

他和你,对同一个词的理解,可能完全不同!!

他和你,对同一个词的理解,可能完全不同!!!

重要的事情说三遍。

如果卡牌咨询师仅通过字面意思解读,很容易误判。较好的做法是,请对方描述细节,这样,就可知道这个特点具体如何表现。

比如,在性格色彩学的定义中,蓝色性格追求完美,但一位性格色彩讲师告诉我,她在读心术课上问学员:"你们追求完美吗?"红色性格小组的学员异口同声:"我们追求完美!"但是,蓝色性格小组居然没人立刻回答,他们面面相觑,最后,有个蓝色性格小组的学员谨终如始地回答:"我觉得,我好像没那么追求完美。"

这是因为蓝色性格对"完美"的标准,要比红色性格高出几个量级,这恰恰说明了蓝色性格的"追求完美",因为他们连对"完美"的定义都是那么"完美"。

又比如,在情感问题上,很多红色性格会认为自己的控制欲非常强,因为成天没事就会看老公的手机,看见疑似暧昧信息就"作",试图"控制"老公跟所有异性的接触。但是如果真的知道黄色性格的控制欲是怎么回事,相比之下,红色性格会自愧弗如。

所以,仅仅依据词语的表面就判定一个人的性格,不可取。最好的方法是让他详细说明。每当对方举例，都会有奇妙的感受发生。一个鲜活、立体、生动的故事，远比干巴巴的词语更能让你贴近对方的内心。

练习：请针对一张符合你的卡牌，具体举例证明你有这个特点，并回顾例子中自己的状态、心情及感受。

一位性格色彩学员是个女强人，在国外留学十一年后，回国创业，事业成功，四十三岁结婚。在性格色彩卡牌教练课程上，老师教给大家一个神奇、简便、快速、有效的用法——"2张牌读心"，她在演练时，选了张自己最喜欢的卡牌——"发现问题先解决"。

在回答老师的提问时，她说："这个特点既是我喜欢的，也是我身上非常明显的。"理由是："我遇事冷静，公司同事清一色女同胞，性格都很像，都是红色性格，都有共同特点——'爱撒娇'。一旦遇事，都非常依赖我，而我也总能快速帮她们解决问题。

"记得有一次，朋友圈看到一个女同事发的照片，一行字。照片是刚从宜家买回来的五斗橱，还没安装，就是一堆散落的木板。那行字写的是：'怎么办啊，人家不会装呀，怎么办怎么办，呜呜呜。'

"过了十五分钟，她又发了张照片，一个男生在拼接木板。文字是：'还好老公及时回来了。棒棒哒。'

"又过了十分钟，她发了张自己和五斗橱的合影，笑容甜美：'老

公好棒好棒！'

"看到她发的这些照片和文字，我百感交集。因为我去宜家买五斗橱，买回来发现不会装，立马看说明书，边看边装，装错几次，最后成了。整个过程，我没想过要向男朋友求助。在我看来，发现问题，解决问题就是了，我看不上那些撒娇的女生，觉得太没用了。但是看到这个女生发的朋友圈，心想，其实，有时遇到问题，依赖别人解决也挺好。"

听了她的陈述便知，在她冷静理性的外表下，有不为人知的羡慕情绪在涌动，如果她真的是黄色性格，压根儿不会有羡慕情绪存在。相比之下，她更像是因为工作的原因而披上黄色性格的外衣，因为没人能依靠，所以习惯了靠自己，其实，核心底色是内心渴望有人可以依靠的红色性格。

就像我在《性格色彩单身宝典》里所述："独立的女人分为两种：真独立和伪独立。真独立的女人，天性从不愿依赖，是真老虎，属黄色性格；伪独立的女人，骨子里一直想依赖，但没机会依赖，是纸老虎。被生活磨炼得独立，随着时间推移，已渐渐忘了依赖是什么感觉，只不过被逼无奈，强装独立，是披着黄皮的红色性格。"

这种独立，很多时候，只是留着给自己讲故事。在深夜，常会自怨自艾，摆摆造型，一边舔伤，一边自我鼓励，内心却无比希望被呵护关爱。可因为惯性，当把那种习惯了的伪装，那种伪独立，不小心展示在男人面前时，没有意料中期待的被欣赏，甚至还被反感。红色性格的女人在得到这种评价后，一定会痛骂男人有眼不识泰山，不懂欣赏，品位低下。然后，自个儿回家，问天问地问圣母，苍天不长眼，世上那个最懂我的人，怎么还不出现……

为了再次判断这位牌主到底是红色性格还是黄色性格，讲师请她再举一例，说明为何自我判断属于"发现问题先解决"。

一次周末，她和男友准备带男友的父母去郊游。她事先计划好行程，男友开车先接她，然后带她一起去接父母。到男友父母家楼下，打了电话，等他们下楼。

等待过程中，她不断看表，十分着急。

也许是因为男友的爸妈动作慢，他们足足等了二十分钟，她忍不住跟男友说："能不能打电话催下？现在高速上人多起来了，再晚点走，高速堵得厉害。"

男友说："不急，他们应该就快下来了。"

她忍住又等了三分钟，实在忍不了了，说："能不能催下？真的来不及了！"

男友说："出去玩，放松点行不行？别催。"

这样一说，她更急了："电话你不打，我打！"

她抓过手机就要给男友的爸妈打电话。男友跟她抢手机，不让她打。恰在此时，两位老人下来了，他俩恢复了平静。

这事发生后，她和男友不开心了很久。每每提起，她都觉得自己是发现问题"如果出门晚了，高速会堵车"，就立即想解决，但男友不紧不慢，导致两人冲突。

听她说完，卡牌咨询师问："你觉得你当时有情绪吗？"她先说"没有"，然后想了想说，"可能有吧。我当时挺急的，就是希望他爸妈赶快下来，觉得等待煎熬。"

通过后续课程学习，她终于真正洞见了自己，她发现自己经常处于强烈的焦虑之中，而之前常常是不自知的，当她以为自己在客观冷静地提建议解决问题时，其实传递给身边人一种强烈的压迫感和焦虑感，并且她经常在一些其实没必要那么着急的事情上火急火燎，却自以为这是自己"行动力强"的优点。

这个发现对她自身而言，无比重要，因为这才是真正修炼的开始。

其实，她的真实性格是红色，她自认为的"发现问题先解决"的特点，蕴含着强烈的焦虑感和情绪化，并非黄色性格的理性和冷静。所以，她真正要解决的，是自己的情绪化。也是因为情绪化，才造成了她和男朋友的矛盾冲突。

仅仅是一张牌的选择，却可以借此打开一扇洞见之门，卡牌的神奇，无处不在。

还有一种情况，就是在选择卡牌时，觉得正反两面都不符合自己，实在选不出。这时，可以请选牌者说一下自己对这张牌正反两面的理解。此交流过程，也许会让你发现他的真实性格，而无须将每张卡牌都解读完。

一位性格色彩菁英会学员用"性格色彩卡牌星球"小程序给好友做测试，是这样用的：

好友凡事都不发表意见，我一直不确定她的性格。当我接触到性格色彩卡牌后，就给她做了测试。

当她选择"发现问题先解决"和"发现问题先研究"时，不知怎选。我问她："这张是不是不好选？"她说："是呀，两面都没有，怎么办？"

我说："当你发现问题时，是想马上解决还是想先研究再解决呢？"

她说："取决于当时的情况。"

我说："那你多数情况下是立刻解决还是先研究再解决呢？"

她说："那还取决于其他人怎样。"

这样问下去，没底了。

以我对她的了解，她想象力欠缺，不善举例。于是，我假设："假如你和朋友旅行，遇到事情，导致你们的旅行无法继续了，这时，你是赶紧快速解决，还是先停下来研究？"

这下她似乎受到了些启发："我想起来一件事：上个月我和同事

们一起去参加团队建设,到了那边,因为大巴司机很不负责任,同事们和他吵起来了,他一生气,就把我们赶下了车。当时是晚上,我们人生地不熟,那里距离宾馆还很远。"

"那你当时是怎么做的呢?"我问。

"我听大家的,大家说怎么办,我就怎么办。有人说打电话叫出租车,多叫几辆,把我们分批送回宾馆。我就跟着叫出租车了。但又有人说叫出租车太贵了,上网查查有没有租大巴的电话号码。所以,我就查电话,但发现那个地方网络不好,查了半天没查到。最后,有个同事认识当地的朋友,联系上了,那个朋友叫来了几辆车,把我们给接走了。"

她两手一摊:"我也不知道我是'发现问题先研究'还是'发现问题先解决'。"

我擦了一把头上的汗:"其实你不用做下去了,这件事中你的绿色性格表现得很明显。所以你会觉得黄色性格的'发现问题先解决'和蓝色性格的'发现问题先研究'都不太适合你。"

同样一个词,不同性格的理解,可能会完全不同。

找到真实的自己,更好地理解他人,需要透过行为看动机。但并非时时刻刻我们都能清晰地意识到自己的动机,需要在适当的环境中,在专业导师的指导下,深度自我洞见和自我觉察。

学员围坐一圈,刚刚结束一轮互动,大家轮流分享内心深处的奇妙感受。

这时,一位同学不经意间提到另一位红色性格的男同学,说他"有点强势"。此时,还没轮到那位红色性格的男学员发言,但他突然站起来,激动地演说:"我认为,学习性格色彩的人,不该轻易给他人贴标签!我不知道大家对'强势'这个词怎么理解,我曾经被'强势'的人伤害过!所以,你永远不知道你对面的那个人心里在想什么，不要轻易给他下定义！如果你非要说我'强势'，那我感觉你也很'强势'！"

说罢，未等老师回答，自己坐下了。

老师看着他的眼睛，问："刚才站起来说话，你感觉自己有情绪吗？"

他说："没有！我只是很冷静地发表一个观点。"

这时老师又问坐在他身旁的一位戴眼镜的女学员："他刚才站起来发言，你感觉他有情绪吗？"女学员说："当然有情绪！他刚才手舞足蹈，差点把我眼镜打飞了！"大家哈哈大笑。男学员也不好意思地笑了。

课程结束，他在分享中感谢了众人，说当他激动时，真不觉得自己有情绪，但回头来看，他能够觉察到自己情绪起伏其实相当大。反观自己的反应，行为表象是在发表观点、讲道理，但动机，其实是由于自己不被认可而产生的情绪反弹。

认识自己，是我们一生的功课。因为每个人的成长经历和背景不同，遭遇也不同。有的人，初步学习性格色彩后，就能很快洞见到自己的性格；另一些人，这条路可能曲折漫长。

好在有卡牌，我们可随时摆出当下的自己，再追问自己：我的这些特点是如何表现的？通过自我回想，觉察当时的情绪和感受，就能更加清晰地读懂自己。

卡牌是洞见自我的加速器，与性格色彩功力相结合，可有奇效。

05 为什么真实的我和想要的我不同

在对自己做性格认知时，人们常会犯一个错误：要求是选"我是谁"，但往往选成了"我想是谁"或"我应该是谁"。道理人人都懂，可具体操作，依旧会混淆。

有时，那张让你无法选择的牌，选起来会犹豫的牌，也许就是通往你内心隐秘山谷的通道，紧紧咬住，追根究底，记住，这就是你的自我发现之旅。

练习：请将所有 2 分牌放在一起，挑出你在选择时最纠结的一张牌。

前文已经说过，2 分牌代表某种观念、理念或思维方式，在选择哪张 2 分牌时出现纠结，对你个人具有重大意义。它代表着你的内心对想成为哪种人的不确定感。

一位学员在选择"坚持原则最重要"和"相安无事最重要"时感到很困难。她拿起这张牌，翻来覆去看了几遍，依旧无法选择。

我深知此中奥妙，便用性格色彩追问法则跟进了她。

她是某家杂志文笔最出色的资深记者，一般杂志有重要的稿子都是交给她主笔。一天，主编突然对她说："下周一你去采访某某明星吧，我们好不容易约到她的档期。"当时她手上有一个重要的特别专题，从前期提纲的拟定到相关人物的邀约及采访，已经进行了百分之七八十，只剩最后补采及成稿了。她回复主编说："我现在手头这个稿子还没有做完，估计到下周一也完不成。如果明星采访很急的话，请派其他同事去吧。"主编说："这个明星很难约的，是老板亲自出面邀请到的，也是老板指定要你去采访的。"

她感到有些为难，想了想，依旧回答说："我现在负责的稿子也很重要，如果交给别人，万一做不好，后果不堪设想。我还是先把自己手头没做完的东西继续做完，新的任务交给其他同事比较好。"主编说："老板一向说一不二，你也不是不知道，他指定你来采访，说明对你很认可，你不接这个活儿，就把他给得罪了，对你以后的发展都会有影响的。"她听了这些话后，心里感到很郁闷：难道坚持把自己的事情做好，坚持对自己经手的事情负责，不是每个职场人士应该做的吗？但如果自己继续坚持的话，就无可避免地要与老板发生冲突。

最终，她还是没有接受新的任务。事后，老板对主编大发雷霆，要把她开除，还好主编扮演了"和事佬"的角色，最后是主编亲自去采访了那位明星，稿子做出来没有太大问题，老板的怒火才平息下来。但自从这件事以后，同事们暗地里都议论，说她太有个性，很难沟通，其后公司有两次升高级记者的机会，都没给她。

回忆往事，她还是沉浸在不安的心绪中。她做事一向有自己的原则，不容易受到别人意见的影响。但是在职场中，太有自己的想法，往往会被认为"不配合""不会协作"，轻则同事之间失和，重则得罪领导，像她这样，不听从老板的命令，还能继续留在原来的职位，已经非常幸运了。所以，此刻如果要让她选择，她也很难说清楚到底是"坚持原则最重要"还是"相安无事最重要"。

从性格角度来分析，这位学员是蓝色性格，凡事想得比较多，更多考虑负面的可能性，为了确保做事万无一失，宁可采取比较保险的做法。蓝色性格情绪内敛，外表文静，其实心里对自己的想法非常坚持，不易改变。对蓝色性格来说，工作中的一切，都要讲道理，如果不讲道理，也不会仅仅因为对方是领导，就无条件遵从。

而这位主编很明显是绿色性格，只是从"要听话""不要得罪领导"这几方面来尝试说服这位学员，并没解决她担忧的那些"万一"的问题。因为绿色性格不希望发生冲突，所以尽量设法把事件平息下来，虽然"相安无事最重要"，最终却未必能够得到预期的结果。

性格色彩所说的"修炼"，是指做真实而美好的自己，做真实的自己和做美好的自己之间并不冲突。

作为蓝色性格的记者，要坚持自己的原则，把事情做好，也可以同时兼顾领导的诉求，主动提出两个方案，供领导选择。

方案一：蓝色性格记者继续做完手头的活儿，保证可以做出一篇精彩的特别专题。同时，可以找一位采访经验丰富的同事，与她搭班子，一起来做明星的这篇稿子，同事负责前期的采访，先把所有该问的问题都问到，该拍的照片拍好，后期等她忙完手头工作后加入，一起来做这篇稿子，这样，明星的稿子也可以保证一定的质量。

方案二：找到一位靠谱且有经验的同事，把蓝色性格记者手头的特别专题接手过去，并且划定责任范围，交接前的工作质量由蓝色性格记者来保证，交接后的成稿质量由接手同事来确保；同时，要给蓝色性格记者配备一个助理，协助她进行采访明星前的资料素材收集和采访提纲撰写，以便她可以在准备充足之后进入新的项目。

两个方案的差别在于，方案一优先保证了特别专题的质量和效果，方案二优先保证了明星采访的质量和效果，领导可以选择其中一种方案。

同样，如果绿色性格的主编学过性格色彩，了解记者的蓝色性格，懂得用性格色彩的钻石法则[1]，也可以先和老板确认新项目与旧项目哪个重要级别更高，再把相应的方案给记者，解答她所担忧的问题，这样她就可以思路清晰地往下进行了。

12张卡牌，24个词语或词组，每张牌正反面的选择都蕴含着奥秘，如果能结合性格色彩专业课程的学习，熟练运用个性修炼的方法和钻石法则，人生的难题将被一一破解。

1　钻石法则：是性格色彩学中非常核心的一个概念，意指把别人需要的给别人，用适合对方的方式与之沟通。详见《性格色彩原理》第41页。

06　为什么工作的我和生活的我不同

现代人花在工作上的时间越来越长。从工作中，我们不仅希望获得一份收入，更期待得到自身价值的体现，但不同性格对"工作价值"的理解完全不同。员工常常抱怨自己的付出和收获不成正比，管理者则希望最大限度地激发员工的能量，但时常事与愿违。

善用性格色彩卡牌，不仅可以成为连接管理者与员工的桥梁，也会让每个人更加清晰地认识到自己在工作中到底需要的是什么。

练习：请从卡牌中，选出一张最能代表你的工作状态的牌。

在性格色彩讲师为一家外企进行的性格色彩培训课上，讲师把卡牌在线测试作为测评工具使用，请大家用卡牌摆出"工作中的自己"。一位学员选择了"他人认可最重要"这张牌，作为最能代表自己工作状态的牌。他告诉讲师："我在工作中非常希望得到认可，哪怕没有升职和加薪，只要老板能够表扬我，我就觉得干活儿特别带劲。"

这位红色性格的学员曾经在一家大型民营企业任中层管理人员，

业绩非常出色，却因为一件小事而离职。究其原因，是他当时的老板是黄色性格，老板总是把"事情结果最重要"放在最重要的位置。

他清楚地记得，当时他带领自己的团队，奋战了一个月，完成了一个几乎不可能完成的任务。当他自豪地向老板报喜时，老板接过报告看了看，就放在一边说："干得不错。我这儿还有一个更大的任务要交给你。"按照公司惯例，这位管理人员的奖金是不少的，但是老板的这种轻描淡写的"表扬"没能满足他，却立马压下来一个更大的任务，更是让他感到连口气也喘不上来。

随后连着两个大型会议，他坐在台下，内心期待着老板能够当众表扬他们的团队，因为这个成绩确实是以往其他团队没有达到过的，但老板连提都没提。他彻底失望了，心灰意冷的态度使得他接下来的那个大任务只是勉强达到合格水平。老板问他："出了什么问题？"他也不说，只是继续消沉下去。后来适逢猎头挖角，他就离职了。

直到来学习了性格色彩，他才恍然大悟。对黄色性格的老板来说，他把事情结果放在第一位，你干成了，很棒，但表扬你有什么用呢，给你奖金不是最实际吗，表扬只是过程，奖金才是结果。同时，黄色性格老板认可下属的方式，就是给下属更大更难的任务，让他有更好的机会创造价值，赢取回报。可惜当年的他并不能读懂老板的性格，无法领悟到这点。

性格色彩的奥妙，就在于无论你是哪种性格，当你来到课堂时，就会听到原本自己忽视的他人内心的声音，由此给你的生命带来意想不到的奇妙变化。

"他人认可最重要"，是典型红色性格做事的主要动力之一，"事情结果最重要"，是典型黄色性格的做事准则。

在工作中，黄色性格的领导和红色性格的下属，常因这两个特点的差异发生碰撞。红色性格的下属不明白为何老板就是不表扬自己，黄色性格的领导不理解为何下属莫名地情绪低落、没有了干劲。

一位创业者在路演前，来参加"六字真言演讲心法"课程，想要提升自己的演讲功力以求快速融资，没想到除了提升演讲能力以外，意外地收获了性格色彩这一实用工具。在课上，她参与了卡牌测试，当老师让每位同学选一张卡牌代表工作中的自己时，她选择了"事情结果最重要"。她惊讶地发现，同班有不少同学都选择了"他人认可最重要"。经过课堂上的开放性讨论，她开始有一点理解了，世上并不是所有人都和自己一样，她的眼前浮现出很多过去的下属的影子。

课程结束时，她深入地洞见了自己，明白自己的黄色性格特质既让她容易获得工作上的好成绩，也让她在与人相处时显得有距离感、缺乏亲切的沟通。所以，她随后报了性格色彩Ⅰ阶和Ⅱ阶课程。在不断学习性格色彩的过程中，她切实有效地把性格色彩运用在自己的团队管理中。在一次课程复训中，她分享了自己的案例：

在工作中，我一直以结果为导向。也正因为这种黄色性格的特质，公司的离职率很高。经过性格色彩的学习，回头再来看，我发现我的公司里面是一帮红色性格的下属。

每当他们不开心要离职时，我和他们的离职会谈都非常简短。我问他们："为什么要走？"他们说："不开心。"我再问："对公司有什么要求？"他们这时候往往会呆住。我说："公司是工作的地方，不是让你开心的地方。想清楚，要走的话签字，有条件的话提出来，不要浪费时间。"每当我这么一说，他们就很快签字走人了。

学习性格色彩之后，我才真正明白，原来这个世界上有这么一类人，可以不用加薪，不用升职，不用给任何实际的利益，只要天天夸他们，让他们开开心心的，美美的，他们就可以使劲干活，要是得不到认可，即使给钱也没用。

上完课回去以后，我立刻实践。我把我的办公室布置成红色性格喜欢的温馨气氛，买了茶具，还买了煮咖啡的小炉子，随时备好充足的小饼干和"马卡龙"。

过了没多久，又有一个红色性格的下属想离职，我跟她面谈。她一进办公室，就像一个鼓鼓的气球似的，我先让她舒舒服服地坐下，给她倒了杯伯爵红茶，递给她"马卡龙"。她吃着喝着，眉头没有那么紧锁了，鼓鼓的腮帮子也放松了点。

于是我笑容满面，开始温柔地问她："怎么啦？是不是不开心啦？"

听我这样一问，她就把苦水全倒了出来。我一听，全都是一些鸡毛蒜皮的小事，顿时很想对她说："这么点小事都承受不了，你也太脆弱了吧。"但一想到性格色彩，想到要修炼，于是就让自己忍住，继续听。

听了半天，我边听边观察，发现她这个气球泄下去一大半了。我就跟她说："是啊，公司的制度确实有待完善，感谢你提了这么好的建议。你最近也确实太辛苦，压力太大，心情也不好，要不，先放几天假？现在巴厘岛度假产品在打折，你可以和男朋友一起去玩玩，放松一下。"红色性格的下属一听休假，眼睛都发亮了。她说："这样不好吧，公司现在这个时间段项目多，大家都很忙。"我说："没事，我准你假。这几天公司在出台一些新的福利政策，你休假回来，正好赶上好消息宣布，相信到时候你工作起来心情也会不一样的。"

这样一说，她脸上就有了笑容，说："谢谢领导。"我一看火候差不多了，就不经意地问了一句："那就这么说定了？你回去写个休假申请递上来，我今天下午就给你批。"她说："好啊，那我马上去写。"就这么欢乐地走掉了。看见她被我如此轻易地搞定了，人力资源主管瞪大了眼睛。

这位创业者以事情结果为导向，所以，推己及人，以为下属也是如此，可是下属的性格和她不一样。红色性格的价值感来源于被认可，当获得足够的认可时，红色性格会发自内心地感受到一种满足，工作也会越干越起劲儿。作为领导，如果我们能洞察下属的性格，真正明白他内心的需求是什么，以适当的方式给予他想要的，他也会回报给我们想要的结果。

　　一张小小的卡牌，能让我们明白工作中我们最需要的是什么，从而化解我们在工作中与领导、下属或同事之间的诸多矛盾和纷争，避免不必要的矛盾，达到真正的有效沟通。

07 为什么恋爱的我和单身的我不同

当你摆卡牌时,或许会遇到这样的困境:面对一张牌,左右为难,感觉都像自己。这里的奥秘在于:一面,是你在某种生活状态下的样子,而另一面,是你在另一种生活状态下的样子。

当我们的职业身份、家庭角色、社会角色有变化之后,不同的身份和角色,我们的内在状态也会改变。比如,成为父亲的我和当儿子的我,是不一样的,婚后的我和婚前的我是不一样的,在这个问题中,我们就不一一列举了,仅仅举出"恋爱的我"和"单身的我"作为对比和示范。

比方说,很多人在朋友面前是一个样子,一旦谈起恋爱来,就变成了完全不同的样子。卡牌可帮助我们解开这个难解之谜。

练习:选出一张你在恋爱和非恋爱时表现截然相反的牌,想一下为什么。

一位三十五岁的单身女子,在选择"以他人为中心"和"以自我为中心"这张牌时,翻过来掉过去把牌的两面看了几遍,眉头紧锁,

感觉选择困难。

卡牌咨询师问她为什么,她说:"不知道为什么,这两面我都有。我有时候以自我为中心,有时候以他人为中心。

"当我单身一人,我觉得一人很好,把主要精力放在工作上,休息时读书,还会安排假期自己出国旅游。

"单身时,我的生活完全以自己为中心,自己开心快活就好,很少考虑别人怎么想。但每当我开始恋爱以后,就变得完全以对方为中心,每天患得患失,总想着为什么他还不给我打电话,不来约我出去。我给他发微信,过了五分钟还没回复,我就感觉煎熬,各种胡思乱想,觉得他不在意我。

"我谈过几次恋爱,情况都大同小异。比如,最近的一次,开始是他强烈地追求我,而我对他不怎么上心,我越不上心,他越疯狂。等我开始注意并喜欢他之后,局面逆转。我不停地给他发消息、打电话,而他对我逐渐冷淡,有时还不接我电话。我会不停地打,最高纪录打了80多个未接电话。一旦见面,我就不开心,总觉得他不在乎我,他看到我这样,也会有情绪,最后难免吵架。"

当她在选择"以自我为中心"和"以他人为中心"时,带出了自己在情感中的最大困惑。以性格色彩来分析,我们便会发现,她是典型的红色性格。红色喜欢自由,同时对情感又有较强的依赖性。正是这看似矛盾的两个特点,让她出现了到底自己是"以自我为中心"还是"以他人为中心"的困惑。

当她在单身时,想做什么就做什么。红色性格在做自己喜欢做的事情时,不受情感干扰,同时也享受自由自在的状态,沉浸在自己的感受中。他们不像黄色性格那样,要求别人听从自己,而是沉浸在"我很好""我很棒"的感受中,其实是"以自我感觉为中心"。

正因为她在单身时散发着积极快乐的气息,所以,会吸引很多人靠近她、喜欢她。当她还没喜欢上对方的时候,她的重心依然是放在自己身上，还会持续散发快乐的感觉。但是，一旦她喜欢上对方，产生强烈的情感依赖，情况就会立刻转变。她对自己的依赖没一丝自控力，总想时刻黏着对方，一时半刻看不到、听不到，就会寝食难安。确切地说，这时的她，不是"以他人为中心"，而是"以她喜欢的那个人为中心"，心无旁骛，除此无他。

面对一个每天都在"黏"和"作"的女子，如果她丝毫无法控制自己，持续如此，除了包容心强、平和无比的绿色性格能承受，其他三种性格的男人，都会受不了。

在《性格色彩单身宝典》《性格色彩恋爱宝典》《性格色彩婚姻宝典》的性格色彩情感三部曲中，详细阐述了红、蓝、黄、绿四种性格，都可能在不同情境、不同状态、面对不同人时，表现出不一样的自己。

♣ **红色性格**：以快乐为导向，渴望得到他人的关注和认可。一旦恋爱了，投入了，就会极其强烈地在意对方是否认可自己。单身时，她会自己追求快乐，当她散发魅力时，身边不缺追求者，所以，她越发地以自我为中心；恋爱时，她所有的被认可的需求都集中在自己爱的那个人身上，时时刻刻都需要对方的甜言蜜语、呵护和陪伴，一旦对方有所疏忽，她就觉得自己的整个世界都不好了，如此一来，就会导致对方的不堪重负。对和红色性格恋爱的人来说，会觉得和红色性格做朋友时热情而散发光芒，恋爱时像一团火一样，燃尽了室内的氧气，让人窒息。

■ **蓝色性格**：情感细腻深沉，对自己和他人都有很高的标准和要求。当关系一般时，蓝色性格倾向于管好自己，如非必要，不会表现出对他人的要求；但是，当两人已经进入深层的关系，彼此确定了恋人身份，蓝色性格对于对方的一言一行、一举一动的细节的在意就会表现出来，即便嘴上不说，看对方的眼光也会让对方有很大的压力。对和蓝色性格恋爱的人来说，会觉得蓝色性格做朋友时周到且有很强的分寸感，恋爱时如同林黛玉一样，难以取悦。

▲**黄色性格**：以目标为导向，凡事抓大放小。在追求心仪的异性时，黄色性格可以变成对方喜欢的样子，主动表达情感，大胆出击，直到成功为止。当两人关系稳定后，黄色性格便把更多的注意力放在了其他重要的事情上，要求伴侣懂事、负起责任、支持他的工作。对和黄色性格恋爱的人来说，会觉得黄色性格做朋友时自信而有主见，非常有安全感，恋爱时却变成了皇帝，要求严格且容易批判。

●**绿色性格**：随遇而安。对她来说，无论处在单身状态还是恋爱状态，她的心态都不会有什么改变，对另一半也没有什么特别的要求。但是，在恋爱中，只要绿色性格的另一半不是绿色性格，就一定会对绿色性格有要求。绿色性格容易受到另一半的影响而发生很多行为方式上的改变。比如，单身时的绿色性格，姐妹一约就会跟着出去，恋爱时，因为男朋友要求她待在家里，她可能就会完全变成宅女，朋友们也就轻易见不着她了。

经过分析，这位接受测试的女子想起自己没恋爱时，除了自己享受快乐，也会不时地把好东西分享给朋友们。当她一个人去国外旅游时，总会买些特色的礼物，送给公司里的所有同事，以及自己的姐妹。在她心里，可以既装着自己，又装着很多其他人。对她而言，最好的状态，其实就是那时的状态，自信、自我认可、寻觅快乐，同时又乐于分享、乐于助人。

由此，她也想到，如果在恋爱时，她能分出一部分注意力，放在自己和自己的爱好上，而非完全放在男友身上，那么生活会过得轻松很多，男友也没有那么大压力，两人会更相爱。

一张小小的卡牌选择，让她收获到深刻的自我洞见，经过卡牌咨询师分析，她也找到了解决问题的钥匙。

这次卡牌分析后，她对卡牌产生强烈兴趣，报名学习了性格色彩II阶课程。出于对卡牌的喜爱，也为了提高功力，她不断给身边的朋友以及偶遇的陌生人做卡牌分析，扩大了人脉圈子，交到很多好朋友，也由此遇到了新的缘分。

在参加一个朋友组织的聚会时，她帮朋友做卡牌测试，朋友的朋友一直在旁观，一言不发，结束时，相约单独见面分析一次卡牌。没想到寥寥数语，她就直接点透了这个男人的工作瓶颈和人生选择的两难问题，并且给出了一针见血的答案，男生因此非常认可她，两人渐渐走在了一起。

在新的恋情中，每当她感到自己太关注对方、太依赖对方时，就给自己摆副卡牌，借助卡牌来洞见自己、平衡自己的内心，找回为自己而活的感觉。

因为有了卡牌，她得以更从容地处理两人关系中的各种波折，最终修成正果。

找到最真实的自己，明白自己的需求，并不意味着任何时候都要任性而为，而是要找到通往自己想要的幸福的途径。做真实的自己和美好的自己并不冲突，我们最希望的是做真实而美好的自己。

08 为什么我认同的和我喜欢的不同

生活中,我们往往对一个人有莫名的好感,也会对一个人有莫名的反感。在没有性格色彩卡牌工具前,我们不知为何,只能说类似"气场合"或"气场不合"这样放之四海而皆准的正确的废话。

当你有了卡牌后,就可准确描述,到底他身上哪些特点吸引你,哪些特点让你不愿靠近。

只有当我们洞见自己、洞察清楚他人之后,深层的相互谅解和沟通才会成为可能。

练习:想一个身边你不喜欢的人,他的哪些性格特点是你无法忍受的?

一位学员与结婚多年的妻子离异后,来学性格色彩。对这段过往的婚姻,他一直总结不出原因。两人谁都没外遇,也都认同彼此很善良,只是没法一起生活,生活在一起的每分每秒,都在跟彼此较劲和斗争。

当卡牌咨询师让他选一张自己最不喜欢的老婆身上的性格特点时,他想起了许多小事。

我是个大大咧咧的人,吃饭时,跷二郎腿靠在椅子上,大口扒拉饭菜;用完东西随手一扔,下次用的时候再找。我老婆则完全相反,站姿挺直,坐姿规正,喝汤没有半点声音;挤牙膏是从下往上有规则地挤,挤完还会捋得整整齐齐,立在杯子里放好;所有东西都收拾得井井有条，从哪儿拿必须放回哪儿，放错了，她就会和你生气。

其实我自己的东西乱放的时候，我都能找到。最头疼的就是，每次老婆帮我收拾整理以后，我的东西就都找不到了。一旦找不到东西，我就想发火。最受不了的是，在公众场合，如果我吃饭喝水时发出点声音，或者没坐直，我老婆每次都会用眼睛斜睨我，一旦这种目光射过来，我就有一种自责和愤怒交织的感受，就好像我老婆永远是对的，而我永远是错的。我有一种深深的想要强烈反抗的无力感。

我想起自己曾经问过老婆："在你眼中，我最大的缺点是什么？"老婆想了很久，说了句话："你太随心所欲了。"当时，我心里"腾"的一下，有个声音马上跳出来说："随心所欲，这不是优点吗？随心所欲不是挺好的吗？"

原来，他老婆身上最让他不能接受的，就是卡牌中"条理"那张。

没有天理啊！"条理"是个褒义词，但在他的婚姻中，居然成为一个让他无法忍受的缺点。因为老婆太有条理，而他太随意，两人始终无法相互理解。他永远理解不了老婆为何要活得那么累，他老婆也永远无法理解，为何他连把东西放归原位这么小的事都做不好。

当我们发现对方明明是对的，我们却不喜欢他时，那绝大多数是因为性格差异。就像红色性格和蓝色性格本是矛盾色，红色性格的随意与生俱来，而在随意状态下，红色性格才感到舒服。所以，在红色性格看来，强迫自己"条理"，就意味着辛苦、麻烦和痛苦；而蓝色性格的条理也刻在骨子里，对他们来讲，根本不需什么要求，就能轻松做到，所以，蓝色性格无论如何也搞不懂，这么小的事情，为何对方就是不做？

在四种性格中，除了红色和蓝色是矛盾色，黄色和绿色也是矛盾色。

黄色性格和绿色性格婚后，也会在一些事情的态度上，出现完全相反的状况。比如，与外人发生冲突时，黄色性格要战斗到底，而绿色性格只想息事宁人。但好在，绿色性格包容心很强，即便黄色性格对绿色性格不满，绿色性格也会用自己的平和化解，最终，家里的大事还是跟着黄色性格的指挥棒转。所以，黄色性格和绿色性格这对夫妻间，更多的是绿色性格包容黄色性格，而红色性格和蓝色性格的夫妻，更易出现互不相让的局面。

当我们能用性格色彩卡牌，快速定位出彼此最大的差异，就有机会更快地找到方法相互理解，在彼此有爱的基础上，更好地走下去。

在我们的学员中，有一对夫妻，老公是蓝色性格，老婆是红色性格。没学性格色彩前，老婆完全理解不了老公。两人在一起，十天有八天老公拉着脸，而老婆也搞不懂老公为什么不满意。因为老婆的随意性，她对很多事情都没特别去注意，老公却会把所有细节都放在心里。

学完性格色彩后，老婆理解了老公，发现其实老公的关注细节、谨慎、有条理这些特点都很宝贵，正因为有了蓝色性格的老公做后盾，为她考虑了很多小事，防范了很多风险，她才能这么"没心没肺"地活着。

学完后，蓝色性格的老公也理解了红色性格的老婆的天性，当发现老婆没有条理时，并不会过分苛责；老婆欣赏老公有条理，所以在一些事情上，老婆也尝试着有条理地去做。老婆经常出差，每当出差前夜，老公都会细心地为她准备行李箱，洗漱用品、毛巾、睡衣，甚至还会贴心地备上一些休闲小食，分门别类包好、捆扎好，整整齐齐地放在箱子里。出差在外，老婆每次打开行李箱，都能体会到老公给予她的满满的温暖和关心。

另有一对学员，老公是红色性格，老婆是蓝色性格。他们也是通过一起学习性格色彩，为彼此天性差异的融合，交了一份精彩答卷。老公因为工作关系，应酬多，本身也很随意，有时回家就会比较晚。但两人相互谅解后，老公和老婆彼此承诺，任何一方不论在外面有多重要的应酬，晚上十一点前必须回家。

为了让老婆安心，老公努力地遵守了规定。老公喜欢把东西乱放，老婆知道这是老公的性格特点，要完全改变会很难，所以，两人相约，书房归老公独自掌管，他可以把自己的东西放在书房，书房里的东西即便再乱，老婆也不去整理。除了书房之外，其余地方都按老婆的要求规整起来。他们的生活因为彼此尊重而格外幸福。

所以说，即便对方身上有你无法忍受的点，即便你们的性格如白天和黑夜一样截然相反，只要彼此都肯做一点修炼，一样可以相处得融洽而幸福。

09　为什么我能做的和他能做的不同

卡牌不仅是帮助我们洞见自己的一面镜子，更是连接亲情和爱情的纽带。当我们用卡牌摆出自己眼中的孩子的牌面时，往往会有意想不到的震撼。

在亲子关系领域，我常被问："乐老师，请问性格会遗传吗？"遗憾的是，迄今为止，根据我们近二十多年的教学经验和研究，尚未发现性格色彩在遗传上有明显规律。也就是说，一对热情如火的红色性格夫妻，可能生出韦小宝这样红色性格的孩子，也可能生出小龙女这样蓝色性格的孩子；而黄色性格的霸道总裁与女强人的结合，可能生出像周芷若这样黄色性格的孩子，也可能生出像仪琳那样绿色性格的孩子。

其实，隐藏在"性格是否遗传"问题背后的，人们真正想问的是："都说'老子英雄儿好汉'，我的优良品质怎么半点都没遗传到儿子身上？"在这个问题上，性格色彩卡牌可以帮你找到答案。

练习：请摆出你自己及你眼中的自己的孩子的卡牌，找出哪些牌面是相反的，并思考原因。

人们经常遇到的一种情况是，父母的牌面中有"目标坚定"，孩子的牌面中却有"缺乏主见"——恰好是"目标坚定"的反面。

此处，又分两种情况：

第一种情况：孩子天生就是绿色性格。

这种情况下，无论父母多么努力地要求孩子有目标、有雄心壮志，孩子都很难做到。

一位黄色性格的学员，为了让儿子提升综合素质，特意买了台"斯坦威"。钢琴送来的那天，他指着钢琴对儿子说："儿子，好好弹，将来你会成为像郎朗那样了不起的钢琴家的！"很不幸，儿子恰好是绿色性格，一听到老爸给自己设定的宏伟目标，立刻被吓住了。此后，只要他盯着儿子弹，儿子就装模作样弹几下，他不在，儿子就去做别的事了。

他想到自己年少时从农村到城市，当小贩卖水果，到后来做生意开连锁，心里始终梦想不熄，一定要出人头地。他实在搞不懂，为什么无论他怎么激励儿子，儿子就是没有自己的想法，遑论激情与梦想。

对这位老爸而言，他需要理解的是，绿色性格的儿子天性无欲无求，与世无争，得过且过，与黄色性格的自己完全相反。他如果想培养"缺乏主见"的绿色性格的儿子的目标感，就必须提升自己的耐心。

对绿色性格的孩子，一下子给他巨大的目标，只会让他觉得"臣妾做不到啊"，前行的动力瞬间崩塌。最好的做法是，把大目标切分成小目标，先给他第一阶段的小目标，并且鼓励他、陪伴他一起来完成。当完成了一个小目标之后，再给他下一个小目标，就这样一步步

引导他走向更大、更远的目标。(具体方法详见《性格色彩亲子宝典》)

以学琴为例,他可以说:"儿子,爸爸喜欢听你弹琴,以后爸爸和你一起练琴,我们一起先把一支练习曲学会,你弹给爸爸听,好吗?"之后,如果他不在家,就事先和孩子说好:"爸爸明天不在家,但爸爸不想错过听你弹琴。你明天弹琴的时候,录下来,等爸爸回来了放给爸爸听,好吗?"因为绿色性格是以他人为中心的,当儿子想着爸爸回来希望听到自己的录音时,就会更有动力去完成这个练习。

第二种情况:孩子本不是绿色性格,被父母压迫成"假绿"。

现实生活中,常见的另一种情况是:孩子原本很有自己的想法,但因为父母太有主见,总是替孩子做决定,或动不动就打压孩子的想法,斥责孩子的想法幼稚,造成了孩子越来越没主见。这种情况,高发在黄色性格的父母和红色性格的孩子身上。

2006年,那时我还没发明性格色彩学的"洞见"理论和技术,有一位在自我认知上十分困惑的学员,始终对自己身上充满矛盾的性格特点,百思不得其解,我那时也找不到足够的理论依据来帮他彻底厘清他的性格脉络。此前,他困惑于自己为何有很多绿色性格的特质——被动、顺从、缺少主见。最终解开谜底,他回忆起小时候很多事,原来是与他黄色性格的母亲有关。

从小他父亲过世,母亲一人抚养他长大。他印象中从小到大任何事自己都没做过决定。吃什么、穿什么、和哪些小朋友一块儿玩,长大后读哪所学校、选哪个专业,全由母亲一言堂。

童年时,他印象最深刻的一件事,就是每次去上学,母亲都要送他去学校,一直送进教室,看他在教室里坐好。他在教室上课,母亲站在窗外,目光牢牢盯住他,似乎对他的一举一动都要监视。至少过了半个小时,母亲确定他进入认真学习的状态,才离开。

在这样的教育方式下成长起来的他,虽然内心是追求快乐的红色性格,但外表却刷上了一层绿漆,凡事都听从别人的意见,当别人忽视他的存在时,又感到很痛苦。

他研究生毕业后,回了趟北方老家。按照老家冬天的习俗,全院人坐在一个巨大的暖炕上取暖。因为人多,早去的人就能占到好位置,晚去的人就挤不上。他娘亲,一个六十多岁的老太太,居然飞快地扒开人群,以迅雷不及掩耳之势,冲到大暖炕上,占据了正中央最好的位置,然后拼命招呼他:"儿子,快过来!"

他忍受着所有人针扎似的目光,无奈地爬上了暖炕,坐在母亲为他抢到的位置上。而他的左右两边,都是不到十岁的小孩。

作为红色性格,他极其在意别人对他的看法,在这样时刻充满目标感的母亲的保护下,他最终变成了一个毫无目标,不求有功但求无过的人。

最终,他在第三次来到课堂参加复训时,见到一位和他几乎一模一样情况的学员,在听到别人陈述自己的故事的瞬间,他顿悟,往日发生的一切历历在目,他找到了真实的自己,找到了自己真实的性格——红色,终于明白为何自己会活成现在的这个样子了。

如果作为父母,你发现你的孩子"缺乏主见",其实是你的过度保护造成的,你除了可以让孩子学习性格色彩之外,还要自省,遏制自己总想替他做主的冲动。你可以从现在开始,从生活中的小事开始,放慢自己做决定的速度,蹲下身,问问孩子自己的想法,鼓励他说出自己想要的,不要去评判或打击他,而是作为协助者,协助他一步步完成自己的梦想。

10　为什么我痛恨的和他痛恨的不同

每张卡牌,既有正面的意思,也有反面的意思。从不同的角度来看,就像一枚硬币的两面,没有好,也没有坏。

比如,"乐观"与"悲观"。一只玻璃杯,杯子里有半杯水。乐观的人看到,会说:"太好了,还有半杯水!"悲观的人看到,会说:"太不幸了,水只剩下半杯了呢!"

如果站在完全客观中立的角度来看每张牌,无论正面或反面,都不该有好恶。但实际上,当我们真的去看每张卡牌的正反面时,很自然地,我们会喜欢其中的一些特点,讨厌另外一些特点。

在卡牌的 24 条秘密法则中,有一条尤其应该引起关注——那些你特别不喜欢的牌,在它的背后,也许就隐藏着你对自己的一个重大发现。

练习:请选出一张你最不喜欢的卡牌,并想想为什么。

在一次性格色彩Ⅱ阶课程上,两位学员争论起来。其中一位同学说,他最不喜欢的是"悲观"这张牌,另一位同学说,他最喜欢"悲观"这张牌。

喜欢"悲观"牌的同学说:"悲观的人,风险意识更强,危机感更强,考虑事情会更周全、周密。悲观的人看起来不活泼、不开朗,有些内向,一直在思考的状态,这样反而更有爆发力和力量。他可能在忍辱负重,可能在积蓄力量,也可能在等待着爆发。他是一只沉睡的雄狮,等待着醒来。"

大家听了这位同学的诠释,都觉得很有趣。那位最不喜欢"悲观"牌的同学却说:"不管你怎么说,我就是无法接受'悲观'。我自己非常乐观。我觉得人活着一定要乐观。但我搞不明白的是,为什么我会特别害怕听到悲伤的歌曲,看电视看到悲剧,立刻就要换台。"

就着"为什么害怕看到或听到悲伤的事物"这个问题,我们探讨了一番。他告诉我们,自己不但不看悲伤的内容,还受不了负面情绪。只因他有个朋友专门喜欢在朋友圈里唉声叹气,转发些负能量的新闻,发得多了以后,他实在看不下去,就直接屏蔽了那位朋友。

我告诉他,我们最不喜欢的特点,要么是我们自己身上有,要么是我们身边的人有,他的这个特点曾经伤害过我们。

这时,这位同学沉默了。他最终想到,其实他讨厌悲观,源于他有一个悲观的母亲。

他很小的时候,父亲出轨,母亲和父亲因此大吵一架,然后离异了。从那以后,母亲一直没有再嫁,也一直没快乐过。

他到现在还能回忆起上小学的时候,每天晚上做完作业,已经很困了,但母亲还在絮絮叨叨地抱怨,父亲如何没良心啊,父亲家的亲戚如何无情啊,他总是在母亲日复一日夹带着哭腔的抱怨声中,迷迷糊糊地进入梦乡。半夜时,他忽然被母亲的抽泣声惊醒,接着母亲又是一连串的自怨自艾,说命苦啊,说人生没有希望啊。他还太小,不懂如何安慰母亲，只觉得心情日益压抑而沉重。

读初中时，学校可以寄宿，他便自己提出要寄宿，周一到周五住在学校，周末回家。因为他坚持，母亲便也无力阻拦。也许是因为原本可以每天晚上倾诉一次，变成了每周一次，当他周末回家时，母亲的怨怼之词更多也更强烈。从那时起，他就暗下决心，不要像母亲那样，用悲观负面的态度生活。

高中时，他索性完全寄宿在了学校。大学填报志愿时，他选择了远离老家的大学。看起来，他成功地逃离了母亲，逃离了那些负能量的絮叨。但每当寒暑假回家时，同样的模式又开始了。

工作后，除了一些重要的节日，他很少回家。但还是无法抗拒接到母亲不时打来的电话。在电话里，母亲也都是倾诉些不开心的事情。这么多年来，母亲几乎没有改变过，如果说有变化，那就是她的抱怨在原来的基础上，增加了很多新的内容。因为父亲再婚了，而她自己日渐憔悴，各种慢性病逐渐在她身上显现。

到现在，他和母亲的关系还是很僵，每到节日不愿回家，一旦回了家，听到母亲抱怨，就想发火，但又忍住不能发，很痛苦。他也曾经无数次问母亲："你希望我怎么帮你？你到底想怎么样？"母亲没有答案，只是不断地倾诉和抱怨。

听完他的故事，对应他本人的性格，我很快有了答案。

他是红色性格为主，天性乐观，即便遇到悲伤负面的事，也会用积极的心态看待。但红色性格有个特点，就是情绪易受外界影响，做事会受自身情绪起伏的影响：心情好时，万事六六；心情不好时，诸事不顺。所以，他害怕的不是母亲，也不是"悲观"本身，而是害怕自己的情绪受到影响，从而让自己"整个人都不好了"。

母亲抱怨时，把一种深切的无力感传递给他，他从小时开始，就觉得母亲的困境无法改变。他既不可能让时光倒流，回到父亲出轨前，让一切都不要发生，又无法把母亲变成一个乐观、勇敢、无畏、不会被婚姻失败打倒的女性。所以,他唯一能做的,就是远远逃离负能量,逃得越远越好。

他和母亲间,看似形成一个死结,但恰恰用性格色彩可以帮到他们。经过性格色彩课程的学习,他最终意识到,改变和母亲的关系,要学会并使用性格色彩的"钻石法则"。

以往面对母亲的唠叨,他的情绪总是瞬间被影响,要么沉默不语,要么发火,要么赶紧走人。而在学完性格色彩后,他尝试用一种新的方式来和母亲沟通。

他开始主动打电话回家,每天一个电话,每次至少聊二十分钟,先听一会儿母亲的抱怨,然后把话题带到高兴的事情上。比如,自己又完成了一个新项目得到了老板的表扬,又比如,自己看到一条围巾很适合母亲,于是买下来寄给母亲。母亲会织毛衣,他就鼓励母亲织个手套寄给他,等收到以后,再夸赞母亲。

坚持了一个月,开始,母亲还会不断在谈话间抱怨,他还是先听一会儿,然后,转聊积极的话题,渐渐地,母亲抱怨少了,听他讲开心的事,在电话那头也偶尔笑一下。一个多月后,他回了趟家,介绍自己的女友跟母亲认识,还带母亲在老家最贵的餐馆吃了顿饭。以前他从未做过这样的事,也从不敢带母亲出去吃饭,因为怕母亲在公众场合发作,引得大家看笑话。但这次,他真正开心地跟母亲吃了顿饭,看到母亲脸上露出了快乐的笑容。

跟母亲的心结解开了,自然他也不再害怕那些悲伤的歌曲和负能量的新闻了。

如果在选择卡牌时,发现有些卡牌上的特点是你特别不喜欢的,不妨停下来多想一想,也许这就是更深入地洞见自我的开始。

11　为什么婚前的他和婚后的他不同

很多时候，越亲近的人，越容易看到彼此身上的缺点。一段好的情感关系，可以疗愈你；一段糟糕的情感关系，也可以让你伤得更深。

性格色彩卡牌犹如一面镜子，可以照出真实的自己，也可以照见你眼中的伴侣的样子。

练习：请从 12 张卡牌的性格特点描述中，选出一个你伴侣身上你最不喜欢的特点。

在性格色彩 II 阶的课堂上，老师让大家做这个练习，一位女学员一下子就选定了一张"静待问题过去"。原来她最痛恨老公的特点就是"静待问题过去"。她举了一个最近发生的小例子。

我刚上完一个课程，和同学们相处得特别好，相约一起去打网球。其中一位同学说自己没有网球拍，我想我老公是个网球迷，收藏

了很多漂亮的球拍，于是拍胸脯说："没问题，我老公有多余的球拍，可以借给你。"

还没等回到家，在路上，我发语音给老公："老公，我要和同学一起打网球，明天就去，你借给我一只网球拍吧，要最好的！"消息发过去，等了半天，那边没有任何反应。我着急又发了一条："老公，你在忙什么，赶快回复！"还没回复。

我回到家，一见老公就说："老公，我找你借网球拍的语音你收到了吗？怎么不回复！"老公慢慢地说："什么同学？刚认识就要借东西给别人？"我这时已经有情绪了，顶了一句："你是不是舍不得借啊？球拍重要还是我重要？"老公情绪上来："是你同学重要还是我重要？"这下，只能冷战了。

这个故事中，你会发现，女学员自身有个特点："主动助人"，恰好是"静待问题过去"的反面。因为她是一个明显红色性格的人，乐于助人，和同学关系好，为了这份情谊，愿意把好东西拿出来和同学一起分享。

而她的老公可能出于成长经历的原因，没有那么乐意帮助别人，尤其是对他而言还不认识的陌生人。对于老公的反应慢、回复慢，她认为是"静待问题过去"，其实并不理解他内心的想法。

对老公而言，突然要他借出心爱的球拍，又不知道对方是谁，一下子无法决定，而他又很清楚，如果他立刻拒绝，红色性格的老婆会情绪化，甚至跟他"作"，跟他"闹"，所以他就采取了消极等待的做法。实质上，当他不赞成老婆的做法，又不想跟老婆起冲突的时候，就会"静待问题过去"。

最后，两人对话十分相似，老婆说："球拍重要还是我重要？"老公说："同学重要还是我重要？"其实双方都在渴求对方的关注和重视，也都开始情绪化了，所以之后发生的就是冷战。

在女学员的回忆中，刚刚谈恋爱时，老公脾气很好，对她很热情，但她很容易闹脾气，不开心时总是老公来哄她。结婚后，她变得更加敏感，总为一点很小的事情不开心。面对她的无名火，老公常是无所适从。

其实，从这些细节，我们可以发现，女学员的老公之所以遇到问题会"静待"，不说"好"也不说"不好"，甚至逃避不去面对，与女学员自身的情绪化分不开。有时，我们性格中的局限性，会让对方的很多行为也因此向负面转变；同样，我们性格中的优势，也会激发或强化对方的优势。

巧的是，在后来一次课程中，又有一位女学员选择了她老公身上她最不喜欢的特点，也是"静待问题过去"。

这位女学员是一位女强人，不但事业成功，家里的事情也是她一把抓。而老公经历了两次创业失败，已经放弃了外出工作，每天就在家里拿着平板电脑看小说、玩游戏。女学员试图劝说老公出去工作，失败了；试图让老公多陪陪女儿，送女儿去上学，带女儿出去玩，失败了；最后，她仅仅是希望老公少看平板电脑，出去散散步，适当运动一下，老公还是置之不理。

老公从不跟她吵架，即便她发火，把老公的平板电脑摔到地上，重重地踩，老公也一副漠然的表情。等她发泄完，踩完，他再默默地把平板电脑捡起来，送去维修。

女学员无论如何也不明白，为什么一个男人可以这样放弃自己，她用尽了各种办法，就差把刀架在对方脖子上了。可是无论她怎么闹，怎么喊，老公只用一招"静待问题过去"。

这似乎是一个不解之谜。

好在通过学习性格色彩，她洞见到自己有明显的红色性格和黄色性格特点，逐渐找到问题答案。

首先，她从自己身上找原因，发现自己和老公沟通时，过于强势，容易用批判性的语言，如"你还是不是个男人""你还有没有一点做人最基本的尊严"等，这些都会刺伤对方的自尊心。

其次，她意识到，由于她的能干，她总在彰显自己的强大，在众人眼中，她才是这个家的主心骨，老公变成她的附属品，这对一个男人的自尊，是极大的伤害。

作为她的老公，已经经历创业失败，处于缺少信心的状态，又没得到老婆及其他人的认可，更没动力去做新尝试。他既不希望与老婆发生冲突，又感到情绪低落，只能到小说和游戏中去寻找快乐，于是，就导致了这样的局面。

学习性格色彩课程后，女学员开始一点点改变。

她首先改变了自己的语言模式，把自己说话中负面的词语全换成正面的。当她看到老公在看电子书时，她面带笑容，搬把椅子，静静地坐在旁边一起看，还会时不时地说："这个男主角好搞笑啊！没想到这个故事这么好玩！"老公一开始会有些不自在，让她去干自己的事，不要待在自己身边。她依旧沉住气说："我忙了一天的工作了，腿也酸了，坐在你这儿和你一起看看有趣的故事，我需要消遣消遣。"慢慢地，老公习惯了，也会回答她一两个问题，跟她有了互动。

玩游戏也是一样，老公打游戏，她就坐在旁边看老公打，老公赢了一局，她还会拍手叫好；老公输了游戏，她会提议说："老公，咱们到院子里走一圈，再回来打，这叫转运，出去转一转，运气就好了。"

她发现，当她自己改变了，与老公的沟通也开始渐渐朝良性发展，老公与她讲话也有笑容了，她说的话他也能更多地听进去，关系渐渐缓和了。后来，老公也愿意和她一起，经常出去散散步，活动活动筋骨，再回来看书或者玩游戏。她最担心的是老公因为久坐而出现身体健康的问题，现在这个问题已经得到了很大的缓解。

再接下来，随着老公和她的沟通越来越顺畅，她也会聊一些公司里的事情，老公也愿意根据自己过往的经验，给她一些建议，而她当然也抓住这些机会，真心地认可和感谢老公，并按照他的建议去尝试。当这一切改变发生时，她感觉就像是把弄丢了的老公又给捡了回来，心中无比欣喜。

选出你伴侣身上你最不喜欢的特点，然后问问自己，这个特点是他一直都有的，还是在与你相处的过程中，逐渐出现并强化的？假如是后者，我们可以反思一下自己在沟通相处中有哪些问题，通过改变自己从而影响对方。

12　为什么理想的他和真实的他不同

每对父母都希望孩子能好好成长，但对于什么是"好"，不同性格的父母有不同的定义。在没有卡牌这个工具时，父母们可能只是不停地对孩子说"你应该这样""你应该那样"，但当用卡牌摆出自己眼中希望的孩子的模样时，父母们会有不一样的发现。

但人们忽略的是，你的好习惯或坏习惯都会影响到孩子的个性发展，因为除了天生的性格之外，对个性影响最大的，首先是从小生长的家庭环境。

练习：请从卡牌中选出一张你最希望孩子拥有的特点，再看看你自己身上是否有这个特点。

一位朋友与我喝茶聊天时，说起孩子的问题，面有愁容。

他说："孩子上高一。学习成绩中上。再过一年，我就会送他去新西兰，在那边接着上高中、读大学。也许是因为他知道我们会送他出国，所以，目前学习很懈怠，让我们有些担心。"

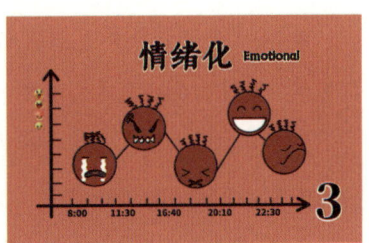

我让他从卡牌中选出一张，他最希望孩子拥有的特点。他选择了"自律"。我问他："为什么选这张？"他说："我和孩子妈妈都比较传统，将来孩子去国外，遇到的诱惑会非常多。我们希望他能自律些，好好约束自己，不要犯错。我们不指望他有多大能耐，只要他不出什么问题就好了。"

我追问："那你觉得他现在不自律吗？"

他想了想，跟我说，两天前，孩子给他发了条微信："爸，你能帮我跟老师说下吗，就说昨天上午你带我去医院看奶奶了。"

他很奇怪："为什么要这么说？"

孩子："你就帮个忙嘛，爸。我昨天上午的第三、第四节体育课缺席了。老师一定要家长证明，不然就记我旷课。"

他开始有了情绪："你是想让老爸帮你圆谎吗？"

孩子："不要动不动就上纲上线嘛。体育课太没意思，老让我们跳沙坑，我不喜欢。我去隔壁学校跟初中同学踢球去了。"

他说："儿子，你不喜欢体育课，爸爸可以理解。但你让爸爸帮着你撒谎是不对的。你作为一个高中学生，应该遵守学校的纪律，上课不应缺席。"

儿子："不帮就不帮吧。我自己想办法。老古板。"

聊天记录到这儿就结束了。说到这里，他已经无法遏制自己的怒火，打电话给儿子，把儿子骂了一顿。儿子在电话里没有顶嘴，但当天晚上回到家后，一直不跟爸爸说话。他把这件事告诉老婆，希望老婆跟自己一起教训儿子，但老婆扮演了"和事佬"角色，两边和稀泥，所以，他就更气了。

他说："我无论如何也想不明白，我和他妈，从小就教育他要遵守规则，为什么他还是这么不遵守规则？"

茶喝完，我们聊了很多，他告诉了我孩子从小到大的成长经历和行为表现。我看时机差不多了，就把"自律"这张牌翻过来，反面是一张红色的"情绪化"。我告诉他，他儿子是红色性格，贪玩，追求快乐，天性中很难做到一板一眼，如果要让他做到"自律"，需要找到他修炼的动力，帮助他在遵守规则的同时获得快乐。他坚持不帮孩子圆谎是对的，但除了讲道理外，还应有更多方法帮助孩子，提升他上体育课的兴趣，或者，如果他能做到坚持全勤，就带他出去玩，给予他想要的奖励。后天的规则感是要逐步建立的。

这番话聊完，他皱着的眉头舒展开来，对我再三感谢，非常热情地要送我去下一个地方。我推辞不掉，于是，上了他的车。他开车，我坐副驾驶位。车子向前全速驶出的一刹那，我发现他没系安全带！我赶紧提醒，他却笑着说："系安全带挺麻烦的。"我说："系安全带是为自己好。"他说："我这人一向不喜欢规则，活着轻松随意就好了，那么多规则，太让人受束缚了。"

我说："你儿子不遵守规则，和你不喜欢规则，是否有一定的关系？"

他有点不好意思地说："好像是哦，虽然我一直让孩子要遵守规则，但我自己好像从来就没遵守过什么规则。"

身教重于言传，很多人都懂得这个道理，但能做到的并不多。嘴上说让孩子遵守规则，自己却反其道而行，孩子眼里看到的父母，和嘴里听到的道理是相反的。说到而不能做到，父母说的话在孩子心中自然就失去了信任感。

其实，这位父亲也是红色性格，天性中有很强的随意性，情绪起伏也很大，对他自己而言，"自律"也是门很难修炼的功课，他却希望孩子能够做到。当他发现孩子漠视规则时，先是压着自己的情绪，跟孩子讲道理，讲道理无效后，情绪失控了，就拿起电话发了一通火。最终，给孩子的感觉是，道理是没有用的，父亲以自己的身份权威压制了孩子。长此以往，他的教育自然很难成功。

最后，我给他的建议是，他要和孩子一起修炼，把自己和孩子放到平等的位置，如果孩子发现父亲不遵守规则，比如，"不系安全带"

这样的事情，孩子可以提出来，父亲接受惩罚，反之，如果孩子不遵守规则，也要得到相应的惩罚。惩罚的方式可以是多做一点家务，或者为对方唱首歌、表演个节目。要在快乐的氛围中一起修炼。

这位爸爸听完我的建议，内心释然了很多，也意识到了自己的问题。之后，当孩子再犯错时，爸爸宽容了很多。他也想自己尝试改掉自己"不自律"的习惯，但是很难成功。于是，在我的提议下，他来到了性格色彩的线下课堂。学完I阶课，他觉得这个工具真的太好了，所以带着孩子一起来学习，父子俩同修，上完了全套课程。

后来在家里，他们把共同修炼当作一个游戏，一起来玩。孩子每发现爸爸一个不好的行为，比如，不叠被子，洗手台用完后不擦干等，爸爸扣一分，孩子得一分，反之亦然。每周和每月，他们都会有冠军榜，获胜者可以向对方提出一个要求。在游戏的过程中，他们的关系越来越融洽，也借助性格色彩课堂给他们的能量，坚持完成了自己的修炼目标。

所以，作为家长，如果我们摆卡牌时，摆出来"我们希望孩子拥有的特点"，有很多都是我们自身所没有的，那么很可能，我们把自己未能实现的梦想转嫁在了孩子的身上。

针对这种情况，最好的方法就是先洞见自己身上的问题，为什么自己没能活成自己想要的样子？你自己的性格功课没做好，就会缺乏说服力。只有自己做出表率，才能再带领着孩子一起成长，一起修炼，一起蜕变。

第四章

关系牌阵——两副牌处理人际困惑

01　8张牌O型牌阵
——搞定情感困惑的无价之宝

什么是情感关系牌阵？

通过两副牌中的8张牌，男方和女方按口诀各选4张分两侧放置，可以快速了解一个人的情感状态及两人之间的亲密关系。

情感关系牌阵，又名"O阵"，盖因牌阵其形如英文字母O而得名。

情感关系牌阵的作用

1. 检测牌主情感关系的满意度。
2. 看到牌主对理想伴侣和现实伴侣的期待。
3. 了解牌主与伴侣的亲密度、情感热烈度、配合度。
4. 发现牌主在情感中的优势和局限性。
5. 解读牌主的伴侣在牌主眼中有哪些闪光点和槽点。
6. 分析牌主的性格与伴侣的性格匹配度如何。
7. 给予修炼方向的建议：牌主如何让伴侣更喜欢自己。
8. 提出影响方向的建议：牌主如何更好地与伴侣相处。

情感关系牌阵的应用领域

1. **寻找适合伴侣**：单身人士，可借此洞见自己的情感需求，知道自己想找怎样的伴侣，以及现实与理想间的差距在哪儿，如何调整。
2. **让恋爱更甜蜜**：恋爱中人，可通过这个牌阵，了解你和恋人的性格，以及你们对彼此的看法，让恋情发展更顺利。
3. **让婚姻更和谐**：已婚的人，可通过这个牌阵，了解你和伴侣的性格，以及你们对彼此的看法，让婚姻关系更和谐。
4. **走出过往伤痛**：受情伤的人，无论是处于再度单身还是离异状态，都可通过此牌阵复盘过往情感得失，解开心结。
5. **情感心理咨询**：情感心理咨询师，掌握此牌阵，在给来访者做情感心理咨询时，可节省大量问话时间，快速厘清看似复杂的爱恨情仇。
6. **夫妻共同咨询**：可以给夫妻两人同时咨询，解决夫妻双方的沟通问题。

情感关系牌阵的应用案例

问题一：伴侣间的情感浓度如何？

一对夫妻来到课堂，摆出了他们的情感关系牌阵。
卡牌咨询师："你们是否处于激烈的冲突当中？"
夫妻俩："是啊，我们已经打算要离婚了，但还是想来一起学习

丈夫　　　　　　　　　　　　　妻子

批判性强 Critical 3	情绪化 Emotional 3
以自我为中心 Self-centered 3	他人认可最重要 Recognition from others is the most important 2
坚持原则最重要 Principles are the most important 2	批判性强 Critical 3
悲观 Pessimistic 3	内心保守 Conservative and hold back 3

一次，看看有没有可能解决我们的问题。"

卡牌咨询师："妻子，你觉得他不关注你的感受，无论你做什么他都觉得是错的，所以你也越来越不想和他说话了，是这样吗？"

妻子："是的，我就是这么想的。一开始，我还想按照他说的去做，极力讨好他，但到了后来，我觉得做什么都没用，就索性封闭了自己。"

卡牌咨询师："丈夫，你觉得她依赖性太强了，总是不断地拿小事来烦你，其实你很希望她能够独立一些，自己振作起来，不要总是期待你的肯定，但是她反而变得越来越情绪化，让你觉得在这段关系中看不到希望，是这样吗？"

丈夫："对的，老师，你太神奇了，你怎么就像偷听了我们家里的谈话一样？"

卡牌咨询师："你们的卡牌都已经告诉我了。"

或许你觉得这很神奇，或者很不可思议，但我要告诉你，这就是每个月每次性格色彩Ⅲ阶课程上随时随地发生的事情,且不仅仅是讲师可做到,我们已经培训出的数千名卡牌咨询师都可做到——通过简单快速的牌阵,让牌主摆出情感关系牌阵,卡牌咨询师可一眼看出两人关系的状况及性格原因。

问题二:吵架的深层原因是什么?

通过大量卡牌案例,我们可以明显看到,如果让一对关系出现问题的夫妻摆出他们在婚前的卡牌(尤其是热恋时),与当下的卡牌对比,会发现明显不同。

以上面这对夫妻为例,婚前,丈夫更多呈现出黄色性格的优势——自信、愿意保护妻子,对自己人生有明确目标,给妻子很多安全感和重视;妻子则非常信任丈夫,总把自己生活中快乐的事情与丈夫分享,同时,妻子很善于交朋友,他们有一群共同的朋友,大家相

处愉快。最重要的是，那时的两人无话不谈。

曾有人问我："很多夫妻离婚时都说性格不合，但恋爱时明明两人很合得来，为什么结婚后就变了？"

我说："从合得来变成不合，其实就是，婚前双方看到的都是彼此性格的优势，婚后看到的都是彼此性格的过当。"

通过卡牌咨询师的分析，这对夫妻醍醐灌顶、恍然大悟。

原来他们自己的性格都没改变，丈夫喜欢红色性格妻子的开朗活泼，而当得不到丈夫关注的时候，妻子开始情绪化和"作"，这也正是红色性格使然；妻子喜欢丈夫的"霸道总裁"范儿，有安全感，但也正是因为丈夫有黄色性格，当看到妻子的问题时，一针见血地指出，才导致妻子感觉越来越得不到肯定和爱。

经过一番探讨和剖析，夫妻俩低下了头，不再相互指责，开始思考自己身上的问题。

问题三：哪些性格在情感中比较般配？

其实类似这对夫妻这样因为性格冲突导致矛盾积累，最终走向难以挽回僵局的伴侣，还有很多。在卡牌咨询师所做的案例中，各种情况都有显现。下面再举几种冲突最强烈的伴侣情感关系牌阵加以说明。

第一种：女强男弱。

妻子很有上进心，拥有自己的事业，而丈夫还没找到适合自己的发展方向，由于妻子性格强势，所以，常用批判的方式推动丈夫，而丈夫感到男性的自尊心受到打击，更加一蹶不振。

这个情感关系牌阵中的夫妻，丈夫是公务员，妻子自己创业，她希望丈夫不要安于现状，要对未来有所规划，但丈夫觉得自己现在的工作很稳定，不想折腾，而妻子认为这恰恰就是丈夫的问

丈夫　　　　　　　　　　　　　　　　　　妻子

（内心保守 3）（情绪化 3）
（静待问题过去 2）（批判性强 3）
（缺乏主见 3）（情绪化 3）
（逆来顺受 3）（坚持原则最重要 2）

题所在。

　　在妻子不断地推动、刺激和批评之下，丈夫越来越没自信，开始逃避，不愿交流，所以，出现了内心保守和静待问题过去。因为自己的努力得不到回应，妻子也很伤心，开始情绪化，经常说些刺伤丈夫的话语，诸如"你真没用""后悔当年瞎了眼看上了你"，长此以往，丈夫渐渐麻木，更加躲避到自己的小天地，任凭妻子唇枪舌剑，只当没有听见。在牌面中，看似丈夫呈现出蓝色和绿色性格，但其实，有可能有一部分牌是被压抑和打压导致的假牌。

　　陷入这样的模式，除非其中有一方及时洞见，并且从自己身上改变和修炼，否则，双方矛盾只会愈演愈烈，最终，可能以妻子提出离婚，或丈夫暗地出轨而告终。

　　幸好，妻子在伤心失望之下，上网寻找帮助，无意中发现了性格色彩线上课程，并加入了性格色彩菁英会会员。在会员课程中，就有一系列与婚姻关系有关的课程，通过学习，她开始停止抱怨和责怪，更加了解自己和对方,并在卡牌咨询师的帮助下,摆出了情感关系牌阵。通过卡牌,她把自己和对方之所以会矛盾冲突的原因看得更加清楚了,并最终和丈夫一起走进性格色彩线下课堂,夫妻同修,他们之间的关系也变得越来越好了。

需要说明的是,如果男性强势,女性弱势,类似的情况一样有可能发生,只是社会观念上,对男性的期望值比对女性更高。所以,女强男弱时,男人会更要面子,女人内心的压力会更大。

第二种:天差地别。

有句话叫"白天不懂夜的黑",在情感关系中,有时也会如此。两人性格完全不同,就像两个星球,从生活习惯到精神追求,都天差地别,这造成了无休无止的明战和暗战。

丈夫　　　　　　　　　　　　　　　　　妻子

丈夫	妻子
随意 Casual 3	悲观 Pessimistic 3
情绪化 Emotional 3	内心保守 Conservative and hold back 3
他人认可最重要 Recognition from others is the most important 2	条理 Organized 1
乐于分享 Enjoy sharing 1	坚持原则最重要 Principles are the most important 2

这个情感关系牌阵中的夫妻，丈夫是典型红色性格，追求快乐与自由，生活中不拘小节，希望得到伴侣的认可和肯定，但得不到认可和肯定的时候就会情绪化，并且，时间久了后，他对伴侣分享自己事情的欲望就会降低，而可能转到家庭之外，寻找鲜花和掌声。

妻子是典型的蓝色性格，考虑事情保守，容易看到不利因素，当丈夫分享一些自己的想法和点子时，妻子容易提出负面的看法，让丈夫感觉一直在被"泼冷水"，而丈夫的随心所欲、粗心杂乱，也让妻子时时崩溃。最终，妻子对丈夫从心里失望，虽不明说，但丈夫也能感觉出。

看到这里，相信你会有疑问，既然两人这么互相不待见，当初怎么会走到一起？我要告诉你的是，恰恰是因为"白天不懂夜的黑"，所以，才会觉得黑夜分外神秘、充满诱惑。当初两人在相恋时，红色性格被蓝色性格的深沉、含蓄、稳重所吸引，觉得有这样一个人为自己保驾护航，分外安全；而蓝色性格也被红色性格的热情、活泼、蓬勃生气所吸引，觉得打开了世界的另外一面，和对方在一起，让自己变得更完整了。

可惜，一旦结婚并且稳定，激情渐渐被柴米油盐取代，每天两人因为家务谁来做、能否管好个人物品、喝汤发出的声音大小这些小事和细节所困扰，因为在每件事情上两人的想法和做法都有极大分歧。最后，红色性格失去了他最想要的快乐，而蓝色性格也总得不到她最渴望的默契，两人心灵渐行渐远。

问题四：情感中有了心结怎么解？

问题一中那对夫妻，已经谈到了离婚，但把性格色彩课堂作为离婚前的最后一次努力，他们做了一个无比正确的抉择，因为就在课堂上，借助卡牌力量，解开了多年心结。

丈夫理解了妻子的情绪化，因为当她得不到爱和认可的时候，就会抓狂，会极其没有安全感；妻子也理解了丈夫的批判性强，因为丈夫批判的出发点，是为了爱，她想要的安全感，其实一直都在。

于是，丈夫决定把自己的"批判性强"这张牌翻过来，变为"平和宽容"，此后，当看到妻子做得不够好时，先认可，再提建议，而非批评；妻子也决定把自己的"情绪化"这张牌翻过来，变为"自律"，以后不开心时，先不去责怪对方为何没有认可自己，而是先审视自己有没有做得不够好，先自我调整，当她对自己的要求越来越高后，不单单是丈夫，其他人也会更认可她，她不会再有得不到表扬的匮乏感。

当他们叙述了自己的打算后，全班同学共同见证，他们彼此许下了修炼的承诺。

后来，他们不但没离婚，且感情越来越好，又多次来到课堂复训。

一年以后，课堂上再见，由于琴瑟和谐，丈夫得以更加专心地做事业，把事业做得更加红火，妻子也不断地修炼自己，坚持健身，变得更加窈窕动人。这对恩爱夫妻分享了他们的改变，撒了一波狗粮，羡煞众人。

情感关系牌阵的常见牌型

情感关系牌阵，其实包含了很多复杂情况，简单来说，分为三大类：

1. 单身者的情感牌阵：单身牌阵。
2. 恋爱者的情感牌阵：恋人牌阵。
3. 已婚者的情感牌阵：婚姻牌阵。

其中，"单身牌阵"既可摆理想伴侣牌阵，又可摆前任牌阵，还可摆自己与某个现实追求者之间的牌阵，其中还有不同的变式：
- 离异者与离异者的牌阵；
- 单身带娃者与单身不带娃者的牌阵；
- 暧昧期的牌阵；
- 追求期的牌阵；
- 分手后藕断丝连的牌阵。

"恋人牌阵"和"已婚牌阵"中，会有多种恋爱状况和多种婚姻状况的不同形式的牌阵：
- 女强男弱的牌阵；
- 初恋或初婚牌阵；
- 老少配的牌阵；
- 七年之痒牌阵；
- 相爱相杀牌阵；
- 相敬如"冰"牌阵。

每种牌阵的解法都不同，最重要的是，情感关系牌阵的咨询，假如没有抽丝剥茧的提问，只是看牌面，会有大量信息缺失。所以，真正的情感关系牌阵咨询，需要一套系统的咨询谈话流程。在我们的性格色彩III阶课程中，老师会就学员提出的真实问题做大量的案例示范和演练，让你真正体会到其中的妙处。（扫书签"卡牌视频"二维码，查看卡牌咨询师课堂花絮）

02　8张牌V型牌阵
——修复家庭关系的奇妙物语

什么是亲子关系牌阵？

通过两副牌中的8张牌，家长和孩子按口诀各选4张分两侧放置，可以快速了解父母与孩子之间的关系。既可以摆自己与自己孩子的亲子关系牌阵，也可以摆自己与自己父母的亲子关系牌阵。

亲子关系牌阵，又名"V阵"，只因其形如英文字母V而得名。

亲子关系牌阵的作用

1. 检测牌主与子女（父母）间关系的融洽度。
2. 看到牌主在这段关系中，有哪些优势和局限性。
3. 发现牌主心目中，那人是怎样的人。
4. 看出这段关系中，双方对彼此的满意和不满分别是什么。
5. 分析这段关系中，双方性格有哪些冲突，原因是什么。
6. 给予自我改变的建议：牌主如何改变让对方更喜欢自己。
7. 提出适应对方的建议：牌主如何沟通可以解决关系问题。

亲子关系牌阵的应用领域

1. **亲子互动游戏**：作为父母，你可以与孩子一起相互摆牌，了解孩子心中的你，知道你在亲子教育中的得与失，今后该如何做得更好。
2. **代际沟通法宝**：作为子女，你可以与父母一起相互摆牌，了解父母心中的你，知道父母心里在想什么，你该如何更好地孝顺父母。
3. **夫妻沟通神器**：作为有孩子的夫妻，可以一起摆自己与孩子的亲子关系牌阵，看看同一个孩子，在你们的眼中是否一样，以此探讨和交流彼此的教育理念，更好地达成一致。
4. **儿童心理疏导**：作为教育工作者或儿童心理咨询师，当孩子出现问题时，可结合亲子关系牌阵，让你更清楚孩子与父母的关系及对孩子的心理影响。
5. **家庭心理咨询**：作为心理咨询师，掌握此牌阵，你可以家庭为单位进行解读和咨询，快速了解并分析整个家庭的几代人的关系状况。
6. **儿童发展咨询**：孩子在成长的不同年龄阶段摆牌，卡牌咨询师可以给到不同时期的培养和发展建议。

亲子关系牌阵的应用案例

问题一：你和你的孩子关系好吗？

听到这个问题，也许很多家长都会不假思索地回答："当然好！好得很！"但是如果同样问孩子这个问题，也许答案并非家长所想象的那样。当你学会了性格色彩卡牌的亲子关系牌阵,就像拥有了一面照妖镜一样,关系好不好,摆牌见分晓。

一位妈妈参加了性格色彩线上会员计划——性格色彩菁英会,除了获得线上全年的课程学习机会外,还得到了卡牌咨询师的咨询。她很珍惜这次机会,和孩子一起来做卡牌咨询,想更多了解自己在教育孩子方面的得失。卡牌咨询师让她做了一副亲子关系牌阵。她选择了代表自己在亲子关系中的四个特点:发现问题先解决、乐于分享、自律、主动帮助他人。

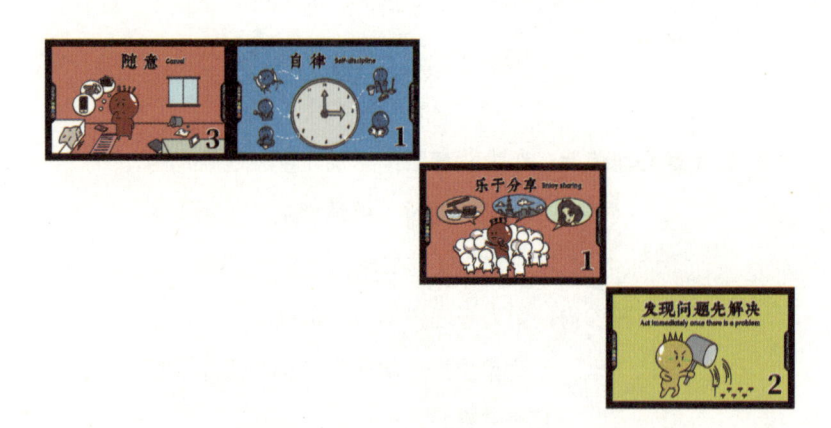

因为老公工作非常忙,大多时间她带孩子,孩子上小学,她不但管孩子的吃喝拉撒,还辅导孩子写作业,自己还要上班,像个超人妈妈。她觉得自己面对孩子时,发现孩子有学习问题,会立刻想法解决,总把正能量的东西分享给孩子,并且对自己要求严格,也要求孩子作息一定要规律,当孩子不知怎么办时,她会主动给出方向和建议。

卡牌咨询师看了她的牌,没有说话,只是让她的孩子也摆一副自己眼中的亲子关系牌阵,在孩子眼中,妈妈是下页图那样的。

原来,在孩子眼中,妈妈每次发现他作业写得不好或学习名次下滑时,都会批评他,让他很难受,而且妈妈喜欢唠叨,伴随着发脾

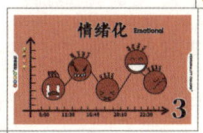

气，情绪化，而妈妈自己所说的对自己和对孩子有要求，在孩子眼中看来，是以自我为中心，孩子什么都必须听她的。最后，妈妈的出发点的确是帮助孩子，孩子也感受到了，但同时孩子也感到了巨大的压力，心理负担很重。

当孩子说完自己选牌的理由后，妈妈脸色发青，气氛一度陷入尴尬。最后，妈妈说了句："你这孩子，有压力为什么不告诉我呢？"卡牌咨询师说："幸好，这一切还不晚。"

关系牌阵的神奇之处在于，很多时候，当你学会了用法，即便不需要太多解析，当事人自己摆完之后，看着自己的牌，也会感触良多。假如你能跟你关系中的另一方一起来摆，相互选择彼此眼中的自己，则更有可能收获巨大。

这对母子在咨询结束后，畅聊很久，最终，他们脸上都有了笑容，紧紧抱在了一起。

问题二：孩子不愿学习怎么办？

亲子关系牌阵不但可以让家长看到自己与孩子在亲子关系中的状

态,更重要的是,它可以用来解决问题。

一位家长找卡牌咨询师咨询,对孩子的现状,感到迷惑不解、无从下手。她是单亲妈妈,女儿上高一。初中时,女儿成绩还属班级前列,到初三时,成绩下滑,勉强考进普通高中。进入高一后,孩子对学习逐渐失去了兴趣,不管怎么启发引导,就是不愿去学校,最长的一段时间,足有一个月没去上学。她是个在工作中果敢自信的人,但面对孩子的这个问题,一筹莫展。

卡牌咨询师听完她的问题,便让她摆出了亲子关系牌阵。

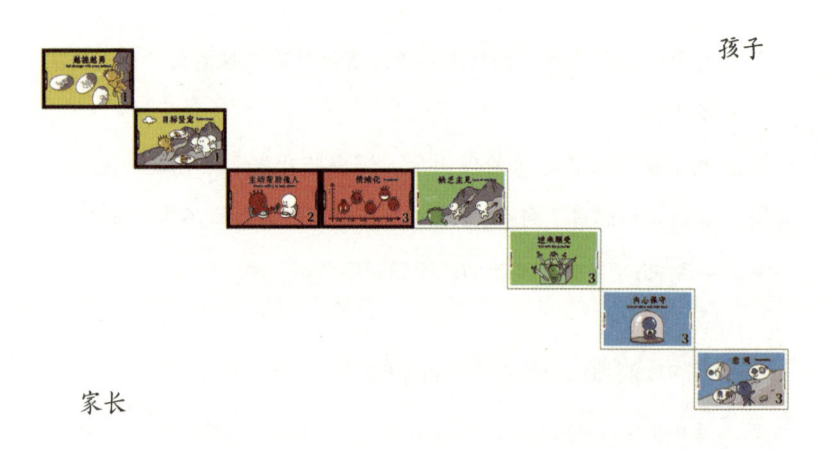

孩子

家长

她的亲子关系牌型,左边仿佛一道从天而降的光芒,右边却迅速下坠如流星一般,正是典型的"自以为是"牌型。从牌面分析,意味着她在亲子关系中竭尽全力做好孩子的榜样,孩子却呈现种种负面的状态。

卡牌咨询师:"从牌面来看,在这段亲子关系中,你有些心急。你是个积极主动,面对问题解决问题的家长,你希望引领孩子前进的方向。你想用坚定的决心来带动孩子，即便遇到挫折，也不会动摇。但同时，你也是一位内心柔软的母亲，当看到孩子出现种种问题后，心里会波动不安，也会忍不住在孩子面前表露自己的情绪，在孩子面前，你时而像天使，时而像魔鬼。"

单亲妈妈："老师，您说得太准了。我就是这样，有时看到她躺在床上不愿起来，我就会发火，但有时又会心疼。即便心里很心疼，但还是觉得必须坚持。她是一个惰性很强的孩子，不自觉，如果现在不严格要求，那将来她怎么办？"

卡牌咨询师："我理解你的心情。不过从目前的牌面看，孩子已经出现了一些负面状况。主要是她对自己失去了信心，对你很依赖，但又没动力按照你说的去做。"

单亲妈妈："是的。老师，您没说的时候，我还没意识到，你一说我就意识到了。孩子对我真的很依赖，做什么都要来问我，有时我烦了，就跟她说：'你都多大的人了，怎么这点小事都没法决定？'但是，不管我怎么说她，她遇事了，还是要来问我。还有，你说她没有动力也很准，比如，每次我问她：'为什么不上学？'她也说不出来，就说想在家里歇歇，有时也会拿本教材来看，但看了几页，就放下了。老师，您说我该怎么办呢？"

卡牌咨询师："从关系牌阵来看，你努力在前面飞，但她跟不上你的脚步，距离你越来越远。你想一下，过往是否说过一些否定她的话，或者她曾经遇到过什么事情让她失去了自信？"

单亲妈妈："应该是有的。我之前一直说她反应慢、做题速度也慢，让她多向班里成绩好的同学学习。有一次我教她一道题，教了五遍还不会，我就发火了，把她的文具盒从窗口扔了出去，让她自己去捡回来。自那以后，她就有点怕我。"

单亲妈妈："不过我觉得还有其他原因，她进这家高中第一天还高高兴兴地去上学了，后来没过多久，就越来越不愿去学校，我问她学校里发生了什么事，她也不肯说，我问老师，老师也不清楚。"

卡牌咨询师："其实你可以看下牌面，她现在有张'内心保守'，也就是说，可能她有心事，但不太愿意告诉你，以前她也是这样吗？"

单亲妈妈："不是的。她从小喜欢唱歌跳舞，在家里话也很多的，从初三开始变得沉默。之前她都愿意和我说，也会说喜欢班里哪个男孩，现在什么都不说了。"

卡牌咨询师："总结一下，孩子从开朗外向变得沉默寡言，以及她现在不愿去上学，一定是有原因的，也许正因为你对她的感受关注不够，所以她有些封闭自己，不太愿意告诉你，而如果你不能让她打开心门，也就无法真正帮助到她。所以，你目前的任务，不是催促她去上学，而是先让她愿意对你倾诉她的问题。"

单亲妈妈："那我该怎么做呢？"

卡牌咨询师："你可以先尝试调节一下自己的情绪，我明白你关心孩子的急切，但如果你想真正帮到孩子，切记'欲速则不达'。可以先放下自己的焦急，看看孩子喜欢什么，陪她聊她感兴趣的东西，再逐步把话题打开，了解在她不上学的前段时间，是不是发生了什么，再帮她去解决问题。"

卡牌咨询师："还有一招，也很重要，孩子对自己没有信心，所以，如果你能找到她的优点加以认可，对她学习动力的提升，会有很大帮助。"

单亲妈妈："我明白了！谢谢老师！"

卡牌咨询后一个月，孩子逐渐发现了妈妈的变化。妈妈没有催促孩子上学，只是在孩子没事的时候，和她聊聊之前感兴趣的科目，认可她之前取得的成绩。当孩子有兴趣愿意看教材的时候，妈妈陪着孩子一起看，一块儿讨论教材里的内容。

渐渐地，孩子不再排斥跟妈妈聊学习方面的事情。妈妈也把自己学习性格色彩的心得分享给孩子。而且，孩子发现，妈妈讲话的语速都变慢了，跟妈妈在一起，压力减轻了许多。所以，当妈妈跟孩子说，要不要一起来学性格色彩时，孩子点头答应了。

妈妈和孩子一起来到课堂，别开生面的学习方式，新鲜有趣的内容，寓教于乐的互动体验，让孩子放开了自己，她开始举手发言，得到了老师和同学们的欣赏和喜爱，变得自信了。每天晚上，妈妈和孩子一起交流白天学习的内容，就像一对好闺密，彼此的心越来越近。课程结束后一周，妈妈向我们报喜，孩子主动提出回学校上学了。

问题三：孩子离我越来越远了怎么办？

在一次性格色彩Ⅲ阶课程上，一位五十七岁的企业家摆出自己和儿子的亲子关系牌阵，真诚地请求同学和老师帮他解读。

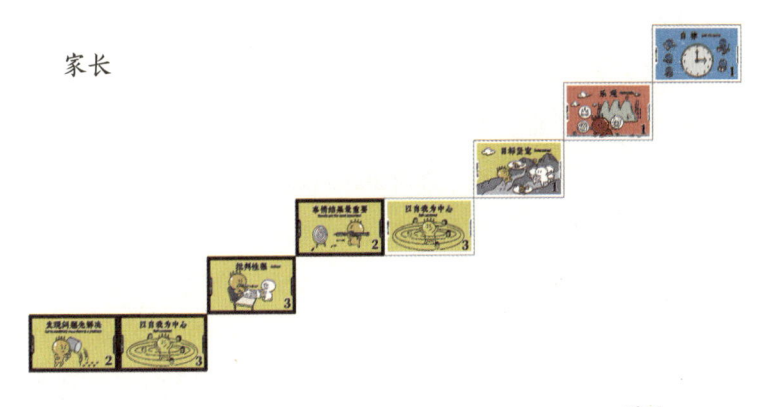

老师："这是一副典型的'远走高飞'牌型。在这段亲子关系中，看似没问题，实则藏有巨大隐患。从牌面来看，你的孩子独立性很强，对自己的未来有自己的主见和想法，并且积极地朝着自己的梦想努力。而你是个要求严格、推动力很强的家长，在你的精心培养下，孩子的能力得到了很好的锻炼和发展，但你和孩子的亲密度远远不够。"

企业家："老师，您说得对。我儿子现在在美国，已经大学毕业，有一份很好的工作。从小我对他的要求和批评都特别多，他也很努力，他是个很有自己主意的人，凭自己的优异成绩考取了美国的大学，之后就很少与家里联系了，即便打电话回来，也没有什么话说，问候一下，很快就挂断了。其实我也一直在想，是不是我对他的要求太高了，所以造成他现在和家里的关系比较冷淡。"

老师："你有没有发现，其实儿子还是挺像你的，在你们的牌面中，有一张同样的牌'以自我为中心'，你们都是很有主见的人，也都活在自己的世界里，如果你想增加和儿子的亲密度，首先要放下自己的以自我为中心，可以先去尝试了解他在美国的生活如何，当他打电话回来时，主动询问他的近况，多听听他对于一些事情的看法，尊重他的想法，这样你们之间就能逐渐化解僵局，越走越近。"

企业家在课上接受了老师和同学们的建议，在课程结束时分享说，这是他上过的最有价值的一堂课。

课程结束后，他在课后感中告诉我们，上完课当天晚上，他就给儿子打了电话，当他说"爸没事，只想和你聊聊"时，电话那头的儿子很惊讶，因为他们之间这么多年来都是有事说事，从不曾闲聊。他原本只想和儿子聊十五分钟，没想到，当他运用课上所学的沟通技巧，多倾听，多提问，不给判断和结论，儿子的话匣子打开了，一聊就聊了一个半小时。这对他们来说是不可思议的，他们居然煲电话粥了！

这次电话，以及他了解到儿子的人生观，儿子在国外的生活中克服了哪些困难，以及儿子对于自己未来的规划，认识了一个不一样的儿子。最后儿子说，他想在国外工作一段时间，当自己各方面的能力都具备了以后，还想回国好好发展。他心里开心极了，没想到他不需要用强扭的方式，就能和儿子交心甚至让儿子这只高飞的鸟儿愿意飞回来。这都是性格色彩的功劳。

亲子关系牌阵的常见牌型

其实，亲子关系牌阵一共有五类，分别是：

1. **胜利天使型**：亲子关系融洽，互动良好，相得益彰；
2. **自以为是型**：父母一方感觉良好，孩子一方存在问题；
3. **远走高飞型**：孩子一方发展得很好，父母一方存在问题；
4. **折翼天使型**：亲子关系问题较大，双方都感到痛苦；
5. **特殊的牌型**：表面无事，需结合追问具体分析。

亲子关系是每个人从童年起就不得不面对的关系，也是对一个人一生影响最大的关系。一个人童年时与父母的关系，甚至会影响成年后的情感关系、夫妻关系乃至于他与自己孩子的关系。对父母而言，无论你是否想成为卡牌领域的专业人士，亲子关系牌阵的学习都至关重要。

本章我列举了几个案例进行简单解读，但就亲子关系牌阵的每类牌型而言，所讲到的还是蜻蜓点水，当你实践时，就会发现，实际遇到的问题千丝万缕、千变万化，需要系统地学习和不断提升专业功力，才能游刃有余。

03　5张牌X型牌阵
——提升团队战力的神枢鬼藏

什么是职场关系牌阵？

通过两副牌中的5张牌，自己在工作中的状态按口诀选3张，再针对领导（或合伙人）和团队按口诀各选1张分上下放置，可以快速了解一个人的工作状态以及他与领导、团队之间的关系。

职场关系牌阵，又名"X阵"，只因其形如英文字母X而得名。

职场关系牌阵的作用

1. 检测牌主对工作的满意程度。
2. 看到牌主在工作中是积极还是消极，是否发挥了应有的优势。
3. 发现牌主在工作中最大的问题是什么，应如何调整。
4. 了解牌主与领导的关系如何，配合领导工作的好处和问题。
5. 分析牌主与团队其他成员的关系，在团队中发挥的作用。
6. 为解决牌主在团队中的人际关系问题提供思路和建议。
7. 找到团队的瓶颈和问题，为未来的发展消除隐患、增加胜算。

职场关系牌阵的应用领域

1. **职业生涯规划**：作为普通人，你可以借此寻找自己的职业方向；作为专业的职业生涯规划师，亦可以以此为工具帮人洞见。
2. **面试招聘甄选**：作为管理者和面试官，你可以请求职者摆出上一份工作中的职场关系牌阵，快速了解他在过往工作中的表现。
3. **团队合作建设**：公司团建可以不必老一套的吃喝玩乐，来一次"走心局"，看看每个团队成员眼中的自己、领导与团队的三角关系。
4. **员工综合评估**：作为 HR，评估员工状态时，除了业绩等硬性指标，不妨结合职场关系牌阵，更了解个人的绩效评估变化曲线背后的成因。
5. **员工心理辅导**：作为心理咨询师，掌握此牌阵后，给企业内部员工心理咨询时，想发现其内核问题所在，易如反掌。
6. **专业卡牌咨询**：性格色彩卡牌咨询师必修科目，任何与工作有关的问题，都可运用此牌阵加以破解。

职场关系牌阵的应用案例

问题一：这份工作适合我吗？怎样可以做得更好？

在性格色彩卡牌咨询师课堂上，学员们纷纷摆出自己的职场关系牌阵。导师下台走了一圈，停在一位面容严肃、衣着朴素的学员旁边。

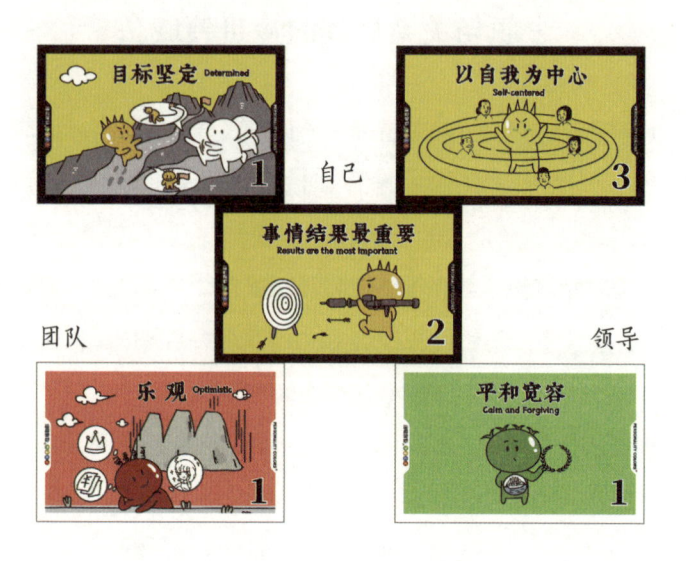

导师："看来你对工作挺满意的，要不要跟大家分享一下？"

学员："老师，我从没发过言，你怎么知道我对工作很满意？"

导师："不需要你说，你的牌已经告诉我了。"

导师："从牌面看，你在工作中是勇往直前的人，你习惯自己做决定并为结果负责，在团队中，你是一只领头羊，总能率先发现目标，并全力向目标冲刺。像你这样的人，很需要领导对你包容、放权、不过多干预过程和细节，幸运的是，你的领导正是这样风格的人。因为领导的信任和放权，你得以创造出好的成绩，在你的带动下，整个团队也呈现积极向上的面貌，氛围很好。所以我说，你对目前的工作是满意的。"

学员："老师，您说得太准了，真没想到，仅仅从这五张牌，就能看出这么多东西，您所描绘的正是我的工作状况。我之前工作过的几家公司，都没有待很久，原因是老板不能放权，总是管头管脚，我又是像孙悟空一样的性格，不喜欢被拘束，但到了现在这家公司后，我觉得太适合我了，老板非常nice，对我很信任，所以我全部的能量都发挥了出来，才一年多，就让业绩翻了番，团队成员也都拿了奖金，大家很开心，干劲也很足。"

学员："老师，那您看，我在职场方面，还有什么可以调整的？"

导师："取决于公司的发展阶段。在现阶段，你像超人一样，自己冲锋在前，没问题，但等到公司做得更大，你负责的范围和项目更多时，你就需要适度调整你的以自我为中心，而要更多发现团队成员的优点，多看看他们还能做些什么，给予他们认可和激励，让他们分担更多你的工作，这样，你才能走更远的路、干更大的事。"

学员："谢谢老师，我明白了！"

问题二：我该跳槽吗？怎么选择对我更有利？

在"性格色彩读心术"课程中，有个特别的安排——卡牌之夜。

整个会场内分布有几十张卡牌桌。每张卡牌桌边，坐着一到两位卡牌咨询师，为学员解惑答疑。（扫书签"卡牌视频"二维码，即可查看读心术"卡牌之夜"课堂花絮）

就在一次"卡牌之夜"上，一位学员来到了关系牌阵的牌桌边，按照卡牌咨询师的指导，摆出自己的职场关系牌阵。

卡牌咨询师："你是不是觉得现在的工作环境跟理想不匹配？或许有想离开的念头？"

牌主："这也太神了吧？老师您是怎么看出来的呢？"

卡牌咨询师："如果你也来系统地学习我们的课程，了解原理之后，就会明白，你所摆出的，恰好是副比较典型的跳槽牌。"

牌主："跳槽也能从牌里面看出来？"

卡牌咨询师："从牌面来看，你所在的工作环境是个缺少活力的地方，领导很佛系，团队成员也大都不愿承担责任，大家看似一团和气，但总有很多问题没人来解决，没人拍板，导致拖拉，延误战机。而你在工作中又是比较着急的人，希望尽快解决问题，当你发现大家都是这种状态时，你的心情也会不好。尽管如此，你心里还是有自己的方向的，当你的速度越来越快，而团队速度越来越慢时，这种差距，就变成了你离开的动力。当然，出现了跳槽牌，不代表你一定会跳槽，因为还需要考虑很多客观因素，但它的确可以反映你内心的状态。"

牌主："是的，老师，您这样一说，我就明白了，确实这副牌反映了我内心的状态。其实，我最近一直在考虑要不要辞职。要么，彻底走人，另外找家适合我的单位，发挥我的长处；要么，留在原单位，继续积累经验，过段时间再跳槽。但我肯定是不想在这样的工作环境中长期待下去。在单位里，我就像个异类，总是出来各种学习，同事们都不理解。在他们看来，单位工资不算高，福利却很好，是份稳定的工作，待着不动，挺好的。但我完全无法忍受这样的环境。老师对我有什么建议吗？"

卡牌咨询师："其实看你的牌面，你属于外向性格，但要在职场上有长远发展，需要修炼更多的仔细和谨慎，要为自己做长远计划和打算，所以，我建议你第一步先把自己的'情绪化'这张牌翻过来，变为'自律'，当你看到周围其他人的问题时，先别激动，不要情绪化，而是把注意力转移到自己身上。不管别人怎么说怎么做，你只要安排好自己的工作计划和学习计划，持续提升自己即可，当你的能力和水平都提高后，也许，在你现有的单位中，会有更好的机会降临；也许，你会在外面遇到更适合发展的平台。到了那时，选择变多，择优取之，也就无须纠结。"

过了三个月，从牌主的朋友那里听说，他听从了卡牌咨询师的建议，不再纠结于别人的问题，而是关注自身。他发现自己的不够自律主要体现在：没有系统的自我提升计划，所以自己的时间也没有管理好，东学一门，西学一门，学的课程很多，但都不精。

于是，他决定先把性格色彩搞通透，专精一门。当他完成全套课程后，自己具备了给人解牌的能力，先把自己部门全部解读一遍，大家觉得他说得很准，之后，其他部门的同事也闻讯而来，大半个公司都被他"卡"过，之后，老板也主动让他"卡"。

经过这些实践，他真正做到了用自己的改变刷新了自己在公司中的形象，他才发现，过往他推动不了同事和下属，是因为他自己的影响力不够，以为自己很优秀，其实在其他同事眼中，只是一个清高的喜欢说教的人而已。当他用卡牌走入大家内心之后，大家都很愿意采纳他的建议，整个部门甚至其他部门的同事都被他感染和带动了，领导也越来越重用他。他不想跳槽了，只想把工作做得更好，不辜负大家对他的信任。

问题三：老板对我不满意，我该怎么办？

这副牌，是一个被工作折磨得痛苦不堪的求助者摆出的职场关系牌阵。

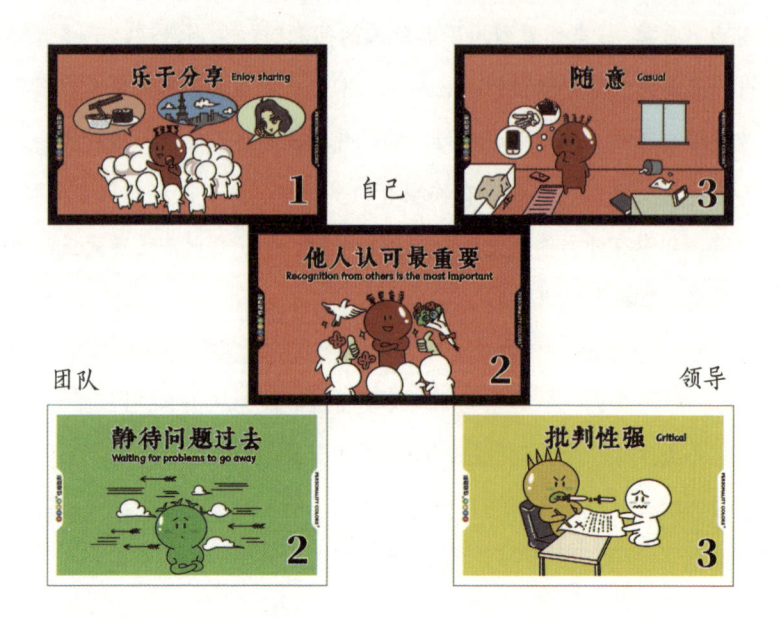

乐于分享 1		随意 3
	他人认可最重要 2	
团队	自己	领导
静待问题过去 2		批判性强 3

求助者:"我太难了……老板对我做的事,没有一件是满意的。他总是当着大家的面批评我,搞得我极其没有面子,尤其是他还经常当着我下属的面说我,这样,我在下属面前一点威信也没有,工作也无法开展……"

卡牌咨询师:"您希望我通过卡牌为您解决的问题是什么?"

求助者:"我就是搞不懂,老板为什么老要针对我。"

卡牌咨询师:"从牌面看,您是一个乐观开朗、心态积极、喜欢尝试体验新鲜事物的红色性格。在工作中,您希望得到大家的认同和肯定,也会把自己的经验和心得分享给同事们,是个愿意帮助团队一起成长的人。"

求助者:"对,这就是我!我对老板、同事、下属都是一视同仁的,谁有问题,我都会告诉他该怎么做,从不藏着掖着,我一直认为,大家好才是真的好。"

卡牌咨询师:"同时,我看到您的老板是一个容易发现别人问题,并且不留情面地指出问题的黄色性格比较多的人。或许不仅对您,甚至对整个团队,他都会容易发现问题和指出问题。"

求助者："是的，他一出现，空气就很凝重，大家都小心翼翼，生怕犯错，生怕被他抓住小辫子痛批。我就不喜欢这种紧张的氛围，有时我会插科打诨一番，但他就会说我不严肃、嬉皮笑脸，像个小丑。"

卡牌咨询师："是的，您看您的牌面中有一张'随意'。您是个不拘小节的人，喜欢自由自在，当您以放松的心态工作，就会有一些细节上不注意的地方，可能这正是您老板最在意的。"

求助者："也许是吧，他常说我坐没坐相，出去见客户不注意着装，影响公司形象。"

卡牌咨询师："是的，他的'批判性强'与您的'随意'发生冲突，同时，也影响到您的'他人认可最重要'，构成了一个负面的恶性循环。您越在意他的认可，就越容易有情绪和行为上的对抗，他就越要批评您，冲突因此愈演愈烈。"

经过这番分析，求助者彻底明白了自己与老板的问题所在，他倾诉了大量工作中与老板冲突的具体事例。

最后，卡牌咨询师给了求助者建议，系统学习性格色彩钻石法则，针对黄色性格的老板在意的点，用适合他的方式与他交流、给他想要的结果。

性格色彩卡牌用于咨询，往往能在极短时间内，抵达求助者内心深处，并触发他深层意识的改变。这位求助者事后反馈，做完这次咨询，回到工作中，再见到老板，他的感受发生了翻天覆地的变化，不再觉得老板那么可怕和难相处了。

职场关系牌阵的常见牌型

职场关系牌阵就像一面镜子，工作中的各种冲突都会通过这面镜子反映出来。严格来说，工作中的冲突共分为十种，分别是：

1. 自己的性格与岗位的冲突。
2. 自己的性格与行业大环境的冲突。
3. 自己内心的矛盾纠结与冲突。
4. 自己与领导的冲突。
5. 自己与团队其他成员的冲突。
6. 领导的性格与岗位的冲突。
7. 团队其他成员的性格与岗位的冲突。
8. 领导与团队其他成员的冲突。
9. 几个领导之间的冲突。
10. 团队成员彼此间的冲突。

其中，比较明显而且相当常见的一种——自己与领导的冲突，在上文中已举了一个简单的例子来说明，其他的冲突，需要线下课程的学习和专业的功力打底，才能更好地分析。

以上就是性格色彩卡牌的三大关系牌阵，对职业卡牌咨询师而言，关系牌阵可以一次咨询，也可以分多次解决一个复杂的关系问题，还可以同时给一家人做咨询，既做亲子关系，又做婚姻关系。

关系问题，在社会中普遍存在，需求者众多，性格色彩卡牌咨询，是个非常有前途的朝阳行业。正因为如此，性格色彩卡牌屋——性格色彩卡牌咨询师线下咨询会所也即将在全国开设。

性格色彩卡牌 Ⅲ阶 小成

帮谁帮成

两副牌
让你片语解人忧

本书的最后章节，带你站在卡牌教练的殿堂门口，略窥门径。以你现在的了解程度，对这一章的内容可能感到神乎其神、难以捉摸，但至少你可以从中活灵活现地感受到高阶的卡牌用法到底是如何来展现的。这一篇仅是展示给你神奇的卡牌教练是如何实现助人的使命的，你可从中感受和体会其中的妙处，也期盼你尽快登上卡牌的功力晋级阶梯，我们在高处相逢。

卡牌教练是从优秀的卡牌咨询师中选拔特训而来的掌握高级卡牌用法的职业人士，也是截至目前卡牌水准的最高阶。

在本章中，你将学会：

- 3张牌解惑——通过对方随机抽取的3张牌，解答对方的问题，指引他走向自己心之所向，找到属于自己的答案。
- 2张牌读心——仅仅通过对方选择的2张卡牌，只用一分钟时间，快速解读对方的内心世界。
- 1张牌群卡——一次性帮十人以内的团体解读卡牌，可以同时为他们做"12张牌读心"，也可以做团体咨询，最神奇的一招，是让每人选一张，即可解决团体和个人的多方面问题。

第五章

特殊牌型——任意牌化解人间烦恼

01 3 张牌解惑
——人生关键点，扶君上青云

其实，学完卡牌咨询师课程后，只要勤加练习，你便可以行走天下不带钱包，也可入职场游刃有余，退江湖四海为家了。作为一名卡牌咨询师，你可网上接单养家糊口，也可将这门功夫赋能给你的行业，让你成为公司里的香饽饽、抢手货，人人排队找你做卡牌。

那么，为何还要有更高级的卡牌教练？

因为作为一名卡牌咨询师，你依然只能影响一部分相信你的人，还有一些质疑的、不愿意花时间来了解卡牌的人，他们可能连坐下来摆12张牌的耐心都没有，也可能不愿意在一开始就相信你，肯摆出他和家人的关系。所以，我们将"12张牌读心"的精髓，提取简化为"2张牌读心"。当只需要选2张牌，卡牌教练就能读出一个陌生人的心声时，他会有巨大的不可思议的颠覆想象的震惊和对卡牌这个工具的巨大好奇。2张牌的读心，蕴含巨大的含金量和无限商机。

同样，"关系牌阵"能全面深入解决一段关系的问题，但需要牌主坐下来思考、回顾和选牌。卡牌教练用"3张牌解惑"，就可快速指引个人困惑的方向，这会让人感到非常神奇，而且仅仅3张牌就能给人启发帮助，这会引发一个人深入探索性格、探索自己的强烈兴趣。

作为高级应用的皇冠上的明珠——团体卡牌，既需要卡牌教练有看牌解牌的出色功力，又需他具备"六字真言"演讲的功力，因为如何用一句话说中一个团队的问题，除了能快速看懂所有牌之外，如何表达也很重要。作为回报，群体卡牌的成功，可以半天解决一个企业咨询项目可能几个月都解决不了的人的问题，可以让企业人心凝聚、业绩倍增。

什么是3张牌解惑？

随机抽取3张牌，便可解答抽牌者一个想要解决的问题，解读出问题的现状、原因以及给出解决问题的建议。3张牌解惑别名"卡神"，因其快速有效神奇而得名。

3张牌解惑的作用

1. 了解抽牌者对自己所面临问题的看法和感受，以及其解决问题的内在动力如何。
2. 解读抽牌者的性格及个性，行事风格及处理问题的方式。
3. 发现抽牌者的性格与其所遇到问题之间的关联，将解决问题的主观因素加以分析。
4. 找到抽牌者为解决其问题，指出其最需要调整和改变的点。
5. 鼓舞抽牌者解决问题的信心，强化其内在动力。
6. 帮助抽牌者从灵活而有弹性的角度看待问题，而非钻进牛角尖。
7. 给出解决问题的方向性建议。

3张牌解惑的应用领域

1. **公司与员工谈心**：人力资源部门日常工作中少不了与员工交流，做思想工作，当员工遇到工作问题时，人力资源部门可以用3张牌解惑帮助员工找到解决问题的方向。
2. **教师与学生谈心**：当学生遇到学习问题时，首先找到的人就是老师，如果教师能掌握3张牌解惑，就能轻松打开学生内心，帮助其解决问题。

3. 家人之间的互助：无论是夫妻之间还是亲子之间，当家人遇到问题需要倾诉时，3张牌解惑不但可以让对方更好地倾诉，还能给出解决问题的指引。

4. 疑难问题的洞见：3张牌解惑不单可以给别人玩，也可以自己玩。当你有任何迷茫或纠结时，它可以让你很快看到想要去往的方向。

5. 专业的咨询顾问：金融、保险、教育、职业、心理等各类咨询相关行业的咨询顾问如能善用3张牌解惑，就会让你的咨询工作事半功倍。

6. 人生使命的规划：影响一个人终生的人生的使命和愿景的规划，可以借助3张牌解惑来引导完成。

3张牌解惑的应用案例

问题一：我想赚更多的钱，我现在该怎么办？

在一次课程中，卡牌教练为大家展示3张牌解惑的用法。在大家争先恐后地举手抢麦后，一位声音洪亮、满面红光的男学员争取到了这个机会。卡牌教练问他："你有什么问题想问的吗？"他不假思索地说："我想赚钱，能帮我预测一下怎么赚钱吗？"卡牌教练请他闭上眼睛，随机抽出3张牌，依顺序放好。当他睁开眼睛看到自己选的3张牌时，眼睛瞪大了，十分惊讶，似乎心有所感。

卡牌教练："从这3张牌来看，你是一个心态开放而且很真实的人，不喜欢藏着掖着，有什么就直说，正如你主动争取到了这个提问的机会，在赚钱这个问题上，你也是积极主动地在寻找各种机会。"

卡牌教练："为什么你这么想赚钱，却到现在还没有赚到足够的钱呢？我不了解你的情况，但你可以看一下'悲观'这张牌，是不是你

在投入一个计划前，没有过多考虑不利因素？因为过于乐观，总觉得一定成，但实际操作过程中发现各种问题，最后，收效不甚理想。"

学员："老师，您说的挺符合我的实际情况。我确实有时过于乐观了，就像前段时间买基金，看了网上的宣传，盲目地相信所谓的金牌基金经理，结果亏了不少钱。"

卡牌教练："你可以再想想，还有什么事情，因为你过于乐观，考虑不周全，所以把一手好牌打坏了而没有收到预期的效果。因为这个可能会是你能否赚到钱的重要因素。"

学员："前些年，我本来做生意赚了不少钱，后来有朋友拉我去做一个新项目，因为太相信朋友，我没有考察清楚就去做了，结果后来朋友跟我说他也被骗了，我们投的钱都没有收回来，到现在还在打官司。这件事之后，我都不敢去帮朋友了。"

卡牌教练："其实，卡牌给你的建议是，要在避免过于乐观的同时，谨慎地考虑和规划事情，但不要因此而停止了帮助他人的脚步。因为帮助他人的同时，你会获得很多意想不到的机会，也会有新的财富的大门向你打开。当你遇到新的机遇的时候，要小心假设，大胆求证，以积极的态度来避免风险。"

学员："我明白了。太感谢老师了，谢谢您对我的开解，我一下子豁然开朗了。"

问题二：我不知道我要不要离婚，我该怎么办？

当你学会玩"3张牌解惑"后，就会有很多有趣的事发生。

首先，当你自己遇到一些无法决断的事情，任意抽取3张牌，卡牌总会启发你的思路，帮你找到你想要的答案。

其次，你身边的朋友知道了你会玩这个，也会成天缠着你，问各种稀奇古怪的问题，让你帮他们解答，每次的问题不同，答案也不同，这会成为你们源源不断的乐趣来源。

在未婚朋友们问的问题中，关于找对象的问题，出现的频率最高。而在已婚朋友中，问要不要离婚的概率也很高，因为涉及人生中的重要抉择，很多人都会有迷茫，需要一个工具来帮助他们看清自己的内心。以下就是一位朋友问卡牌教练"我应该不应该离婚"时抽出的3张牌。

卡牌教练："从牌面来看，这个问题困扰你很久了，你渴望找到答案，但又不能轻易下决定，所以你会多方面思考研究，也会请教朋友和专家的意见。"

提问者："是的！真的很久了。怎么这张牌恰好符合了我的情况呢，太准了。"

卡牌教练:"之所以你对婚姻感到动摇,固然是因为对方的原因,但也因为你对于自己想要的婚姻,是有一个原则和标准的,当对方触及你的底线时,你会产生要不要离婚的念头。但也正因为你是一个有自己的原则和标准的人,当初选择了这段婚姻也是有充分的理由的,所以现在的你也不会凭着一时冲动就去离婚。"

提问者陷入思考:"确实,您说到了我的心里。我不是一个冲动的人,当时结婚,也是经过很多考虑,才选择了对方。婚后这么多年,他犯的很多小错误我都包容了,可是最近发生的这件事情,让我很受伤,我既不想轻易地放弃自己选择的伴侣,又不想违心地过日子。"

卡牌教练:"当你看到最后一张牌'目标坚定'时,你想到了什么?"

提问者:"……这其实是我目前最需要的一张牌,我一直认为自己是个很有目标的人,但是在这件事上,我好像失去了方向。"

卡牌教练:"这张卡牌对你的建议是,离婚或不离婚,本身不是关键,关键是你要的是什么。如果你要的是一个可以让你幸福地一直走下去的婚姻,那么再回头来看看这个伴侣,不仅仅看他做的某一件事,也要回顾一下你和他从相识到走入婚姻这么多年,他到底是一个怎样的人,离你想要的幸福有多远的距离,你们之间有没有弥合的可能。同时,作为性格色彩卡牌教练,我也要提醒你,很多在关系中发生的问题,如果不涉及法律和道德,仅仅是相处中的冲突、碰撞和矛盾,都和双方的性格有关,建议你可以回家让你的伴侣也摆一下卡牌,探索一下他内心的想法,相信会对你做出抉择有很大的帮助。"

提问者:"谢谢您!我知道该怎么做了。"

问题三:我的学习成绩不好,我该怎么办?

3张牌解惑,不仅适用于成人,同样适用于孩子。

一位卡牌教练成功地帮助一个学习遇到问题的孩子解开了困惑,收获了学习的动力。这个孩子上小学五年级,是跟着母亲一起来找卡牌教练的。见面后,母亲说明来意:"老师,您看我家这孩子,挺听话的,其他也没什么可操心的,就是不爱学习,写作业慢,遇到不会的题目就停下来,磨磨蹭蹭大半天过去了,学习效率太低。我都给他换了好几个补习老师了,开了无数小灶,还是老样子。眼看他要升六年级了,这可怎么办呀?"

卡牌教练告诉这位母亲,他要与孩子单独交流,然后,这位母亲去了隔壁房间。卡牌教练和孩子玩起了卡牌。玩了几种不同方法之后,孩子对卡牌教练越来越信任。这时,卡牌教练提议玩3张牌解惑。孩子提出的问题是:"我怎样才能提高学习成绩?"孩子随机抽出的3张牌是这样的:

卡牌教练："你看一下第一张牌，这张牌上有个小人儿，被困在盒子里，几把剑插在他的周围，仿佛在缝隙中生存一样。你现在也有这样的感觉吗？"

孩子："嗯。"

卡牌教练："其实，这张牌的意思是，你希望取得好的学习成绩，主要是因为你面临着来自周围人的压力，你很在意他人的看法，所以，希望自己能学习成绩好，这样就不用整天承受异样的眼光了。"

孩子："是的。"

卡牌教练："第二张牌，相安无事最重要，其实，你是个很观照他人感受的人。你不喜欢跟人冲突，希望大家都和和气气，但因为学习成绩的原因，你很容易让周围的人不开心，这不是你希望的样子。"

孩子："对，就是这样。"

卡牌教练："同时，这张牌还有一个意思：你在学习方面，对自己的要求不够高，比方说做题，你希望老师布置的题目你不要做错就好了，但不会去主动额外多做些题目，也就没有更多的练习机会，所以，在某些类型的题目上，还是不熟练。"

孩子："老师，您说得太对了，您怎么知道的？我就是这样的。"

卡牌教练："其实，第3张卡牌就是问题的答案。你看到这张牌，有没有想到什么？"

孩子："我想到了妈妈，还有老师。一旦我做错了一个题，她们都会很凶地对我。所以我很害怕做错，但越害怕，越出错，所以，后来我一看到比较难的题目，就不敢下笔了。"

卡牌教练："其实，问题的答案就在第3张牌的反面，你把它翻过来，看到了什么？"

孩子："平和宽容。"

卡牌教练："对，其实老师也好，妈妈也好，都希望你学习好，但是，你不能把所有注意力都放在他们身上，因为他们看到你题目出错会着急，一着急就可能会批评你。你需要保持一颗平和的心，静下来，多想想题目本身，到底为什么会出错，还有哪些地方没把握。当你把心放平后，就会发现，题目其实没那么困难。"

孩子："老师，您这样一说，我觉得好像没那么可怕了，我可以回去试试。"

给孩子咨询结束后，卡牌教练和孩子母亲聊了很久，给母亲解释了孩子的性格和状态，最终，母亲也明白了欲速则不达的道理：自己越心急，孩子越学不好。她答应老师，回去先调整自己的状态，用平常心对待孩子。

过了两个月，这位母亲打电话报喜：孩子能静下心来做题了，学习成绩终于上去了。

3 张牌解惑的核心原理

很多人见识了 3 张牌解惑的神奇后，非常好奇它的原理是什么，为何会有预知行为的功能？

其实，3 张牌解惑，同样建立在《性格色彩原理》和《性格色彩识人》中的理论与实践之上。其核心原理是：一个人所面临的问题，无论外在因素如何变化，最终与自己内在心理有关；而心理因素中，性格不同而带来选择的不同，会对最终决策带来显著差异。

当性格色彩卡牌教练的咨询功力足够深厚时，便可把看似复杂的咨询过程化繁为简，以 3 张牌三个性格特点词语为引子，快速完成一次简短咨询。

02　2 张牌读心
——相识满天下，唯你最知心

什么是 2 张牌读心？

只需 2 张牌，便可快速进入他人内心深处，解读出对方的性格以及当下所处的状态。2 张牌读心又叫"读心神"，因其简便快速神奇而得名。

相比 12 张牌呈现很多复杂的信息，2 张牌读心只用 2 张牌，给到的信息量非常少，所以卡牌教练解读的难度呈几何倍数增加，但也正因为只有 2 张牌，所以当解读准确之后，带给牌主的震撼不可言表。

2 张牌读心的作用

1. 了解选牌者当下的内在——积极或消极，对自己是否满意。
2. 看出选牌者的性格倾向、价值观、人际交往的偏好。
3. 发现选牌者的理想自我形象，现阶段目标及努力的方向。
4. 洞察选牌者的局限、痛点及过往可能有的不愉快经历。
5. 描绘出选牌者最适合搭配的工作搭档及情感搭档。
6. 为选牌者的个性修炼提出方向性建议。
7. 为选牌者提升人际沟通质量提出方向性建议。

2 张牌读心的应用领域

1. **销售和陌生客户破冰**：快速读懂初次见面的客户，让客户对你一见倾心、倾盖如故，从此不是你缠着客户，而是客户主动来找你。
2. **朋友聚会的氛围神器**：无论是初次见面的朋友，还是相识已久的老友，当你施展 2 张牌读心时，都会被你迷住，无须饮酒，氛围感即会爆棚。
3. **团队建设或团队活动**：在企业内部的活动中，可以一群人一起玩 2 张牌读心，瞬间就会发现工作中配合与不配合的核心秘密所在。
4. **家庭聚会或亲子活动**：作为日夜陪伴的家人，当使用 2 张牌读心时，你会发现对方的真实想法和喜好，有些或许是你和对方生活几十年都没有发现的。
5. **相亲或情侣约会必备**：与心仪异性或恋人玩 2 张牌读心，轻松愉悦且能达到交心的效果，比买再贵重的礼物都更有价值。
6. **高阶卡牌教练的咨询**：性格色彩卡牌教练必修科目，拥有它，你将把性格色彩卡牌读心的威力发挥到最大。

2 张牌读心的应用案例

问题一：如何在最短时间内赢得他人的信任？

掌握了"2张牌读心"的用法后，排名第一的用途就是用来跟陌生人破冰。所谓破冰，是指当你和一个人第一次见面时，无论你们之间的关系是服务商和客户、初次见面的相亲对象，还是某个聚会上偶然结识的朋友，你都需要开启一些话题来化解尴尬、拉近彼此的距离。这个时候，卡牌是最佳工具，而2张牌的用法，可以瞬间让对方觉得你太神了，怎么可以在如此简短的信息里读出他的想法。哪怕你只讲了三句话，有一句话说中他的心事，他都会对你无比佩服。

在一次卡牌沙龙现场，一位初次接触卡牌的女生，按照卡牌教练的指导，选出了一张自己最喜欢的牌"乐观"，一张最不喜欢的牌"情绪化"，选好以后，一句话也没有说。

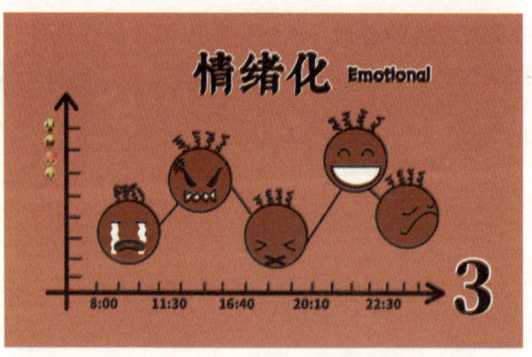

卡牌教练："从你选择的牌来看，你是一个性情中人。如果你喜欢一个人，会非常强烈；如果你讨厌一个人，也会非常强烈。"

女生："是的，您是怎么看出来的？"

卡牌教练："你是个感性的人，你的生活中不能没有情感，但困扰你最大的也是情感问题。你希望你的伴侣是个心思缜密、有内涵的人，不需要太多话，但能体察你的内心。"

女生还没开口，和她一起来参加沙龙的朋友就说："太准了！就是这样的！我昨晚还和她聊，她想要的男生就和老师说的一模一样！"

女生瞪了"泄密"的朋友一眼，继续问："老师，您还能看出什么吗？"

卡牌教练："在事业和学业方面，你有选择性，对感兴趣的事情，就能坚持去做，一旦失去了乐趣，就提不起劲头来做事。当大家都认可你的时候，你的动力会特别足；当遭受到负面评价和看法时，你会瞬间感觉受打击，不想继续了。"

女生："老师，您讲得都对。真没想到仅仅通过2张牌，您就能把我的心理状态完全解读出来，太不可思议了。其实，我一开始来听这个沙龙，内心是抱有怀疑的，但听你分析完我以后，完全折服了。"

破冰，有时不仅是为了打开话题，类似像卡牌教练遇到的这个场合，陌生听众原本对讲者缺乏信任，通过解读卡牌，卡牌教练与听众建立了信任，并收获了一群忠实粉丝。

问题二：如何让不愿说心里话的亲人对我畅所欲言？

2张牌读心，可在卡牌教练与牌主之间打开心灵通道。很多时候，即便已经熟悉的朋友甚至家人，也未必能在我们面前袒露自己的脆弱，但卡牌可做到。

一位学员学会2张牌读心后，做了许多读心案例，但唯独没解读自己最亲近的人——弟弟。因父母早逝，她与弟弟相依为命，弟弟遇到任何困难，都是姐姐帮忙解决。但弟弟内向，一向话少，甚至封闭，她一直想走进弟弟内心，却又担心如果直接问弟弟他不愿回答的问题，会不会过于鲁莽，让弟弟受伤。幸运的是，当她的卡牌功力越来越强之后，竟然在一次偶然的互动中，用 2 张牌打开了弟弟的内心。

这就是她弟弟摆出的 2 张牌读心的牌面：

当姐姐看到这 2 张牌时，百感交集，因为以她的功力，已经可以透视到弟弟的内心。她一直以为弟弟对自己的未来没有任何想法，但从这 2 张牌，她看到了弟弟不是没有想法，而是没有足够的勇气去追求梦想。

姐姐："从牌面来看，你心里有自己想要去的地方，但现实中有很多阻碍，让你没办法自由自在地前行。你希望自己不要受到别人意见的干扰，却很难做到。就像逆来顺受这张牌所示，你可以更勇敢些，走出自己的小框框，突破现有的舒适圈，做自己真正想做的事。"

弟弟："姐，其实有些话，我想跟你说已经很久了。但我不知道你会不会支持我。"

姐姐："只要不犯法，无论你想做什么，姐都支持你。"

弟弟："我想辞掉现在的工作，做个画家。我从小就喜欢画画，但是，别人都说画画很难出头，当我说我想成为画家时，他们都嘲笑我。我觉得我就像卡牌'目标坚定'漫画里的那个小人儿一样，内心无比纠结：一边别人对我说，让我安安分分做现在的工作，只要时间足够，总会加薪升职的，但另一边，是我自己内心在召唤，我真的很想做自己。"

姐姐："你想做画家，具体怎么做呢？"

弟弟："姐，你确定不会取笑我吗？"

姐姐："你是我弟弟，无论你想做什么，我都会尽我所能支持你。因为只有你做自己想做的事情，才会全力以赴，才会开心，才会取得更大的成就。"

弟弟："我就是想画画，我希望我画的画能参加画展，让大家都来参观，我想做个真正的画家。可是，我现在画得还不够好，我自己都觉得自己不行，没人会愿意买我的画的。"

姐姐："你愿意听我的建议吗？"

弟弟："愿意。"

姐姐："我有个朋友做动漫公司，你可以画些漫画，我拿给他看，如果他同意，你就到他的公司去工作，先做漫画师。这样，你在工作中也可以画画。同时，你还可用业余时间精进自己的画艺，相信经过一段时间，你画得更好了，就可以成为一名真正的画家，甚至将来，可以全职画自己的画。"

弟弟："这样真的很好。可万一你朋友不认可我的漫画怎么办？"

姐姐："那就说明还没有到时候。我会拿你的画给其他人去看，帮你找到与画画有关的工作，你也要在现在的工作之余，抽出更多时间学画画，提升自己，直到能迈出那一步为止。"

弟弟："姐，你太好了。我真后悔没早点把心里话告诉你。"

姐弟相拥，热泪盈眶。

问题三：如何让对团队不满的员工融入团队？

有一次给一家企业做咨询，一位性格色彩卡牌教练给企业核心团队的每个成员都一一做了读心卡牌。其中，一位成员的牌面是这样的：

卡牌教练："你是个对自己要求很高的人，但对别人并不苛求。在你看来，一个好领导应该严于律己、宽以待人，所以，当你看到其他的团队成员发脾气、骂人、狠批员工的时候，你心里是不认同的。"

牌主："是的，我的确这样想。我们公司的文化是狼性文化，领导看到下属犯错，会毫不留情地批评，但我总觉得应该给下属多留些余地，让他们自己反思自己成长，如果把他们压得喘不过气，他们反而会有逆反心理，而不会去真正思考自己错在哪里。"

卡牌教练："你是个有自己风格的领导，善于以身作则，但有时可能会比较含蓄。悟性高的下属会自动跟上你的脚步；悟性低的，可能会觉得你的指示不够明确。"

牌主："是的，这也是其他同事说我的一个问题。他们都觉得我太不直接了，对下属太宽容，但我也不理解，为什么他们讲话丝毫不顾及下属的感受。"

卡牌教练："你看到这张黄色的牌'批判性强'了吗？这个特点，很多时候出现在黄色性格的人身上，当他们批判时，针对的是事，而不是人，因为他们认为，只有足够强烈的刺激，才能让被批评的人牢记教训，永不再犯。相反，当被批评的人改正了后，他们的目的达到了，批判就瞬间停止了。"

牌主："老师，您这样一说，我就理解了，确实我们团队有些高管是黄色性格，我也很欣赏他们以结果为导向，他们的批判对事不对人。以后我会尝试多跟他们直接说出我的想法，我和他们的领导风格不同，希望大家可以互相取长补短。"

这次谈话结束三个月后，卡牌教练去企业回访，HR告诉他，这位牌主与其他高管的沟通改善了很多，整个团队的氛围越来越好。

2 张牌读心的提升法门

要想成为一个 2 张牌读心的高手，核心还是要先学会 12 张牌读心和三大关系牌阵。只有对 12 张卡牌的解读有精准的把握、对关系牌阵咨询有充分的实践，才能在解读 2 张牌时，一字千金。

提升 2 张牌读心的功力，首先需精研性格色彩动机辨析基本功，做到随手一张牌，都能如数家珍地说出其行为表象、行为模式、天性表现、个性表现以及其与所代表的色彩核心动机的关联所在；

其次，需要能在脑海中描述体现不同卡牌特质的虚拟肖像，且能随着设定场景的不同，随时随地动态变幻；

最后，不同卡牌特质之间的联动、碰撞、对比和切换，均需了然于心。以上三步，运用自如，才能体会到2张牌读心的奥妙。

03　1张牌团战
——围炉话真心，群卡举座惊

什么是团体卡牌？

一对多的卡牌用法，一般在十人以内。卡牌教练可快速为参与人员一一看牌并解读，并可引导参与人员相互讨论，加深彼此之间的了解。

团体卡牌的作用

1. 用最省时间的方式，帮助多人测试性格，了解优势和局限。
2. 帮助一个团队或组织相互了解、交流内心深处的想法、增进关系。
3. 帮助同类问题的多个参与者更好地洞见自己、更有效率地解决问题。
4. 根据同一团体内参与者的不同情况，灵活运用读心、牌阵、预测等多种用法，并邀请牌主一同参与、共同体验，充分展示卡牌的神奇。

团体卡牌的应用领域

1. **亲友聚会**：无论是亲属还是朋友，熟识的人聚在一起做团体卡牌，可以更好地增进了解、加深情感，从而化解彼此关系中的矛盾或隐患。

2. **企业团建**：同一公司或部门内部人员一起做团体卡牌，可以相互了解彼此的性格和处事方式，为在工作中更好地配合奠定基础。

3. **公开沙龙**：来自各行各业互不相识的人一起参加沙龙，在沙龙上做团体卡牌，可以活跃沙龙的氛围并让参与者迅速成为朋友。

4. **行业活动**：同行交流或同业交流活动中，团体卡牌一样可以大显身手，将性格与行业相结合，借助卡牌探讨更加深入的问题。

5. **某类人群**：比如，学校里举办的家长会，或某些组织举办的针对单身人士的交友活动，又或者亲子教育主题活动等，同类人群聚在一起，做团体卡牌，可以更好地发现彼此的共同点，以互助的方式解决彼此的问题。

6. **团体咨询**：性格色彩卡牌教练必修科目，拥有它，你可以一次性完成多人的咨询，突破卡牌咨询一对一的限制，实现影响力和收益的双丰收。

团体卡牌应用案例

在团体卡牌的应用中，有以下四种方法：

1. **多人性格解读**：请每个人选出自己喜欢和不喜欢的牌，卡牌教练眼观四路，耳听八方，顺次解读。

2. **多人问题咨询**：请每个人摆牌后提出自己的问题，卡牌教练隔山打牛、四两拨千斤，一一咨询。

3. **企业内部咨询**：请团队内部相互摆牌，相互分享感受，卡牌教练洞若观火，一叶知秋，给到管理者建议。

4.企业文化团建：让企业内部的人每人选一张牌，拼成一个图案，强化企业的共同目标和企业精神。

问题一：如何快速为多人解读分析性格？

一次卡牌沙龙上，卡牌教练让参加沙龙的十几位听众，每人从卡牌中选一张自己喜欢的，一张自己不喜欢的。有趣的是，其中有两人的选择完全一样。卡牌教练运用2张牌的读心技巧进行解读，并将这两人做了对比。

两人选的喜欢的牌，都是"目标坚定"；不喜欢的牌，都是"情绪化"。

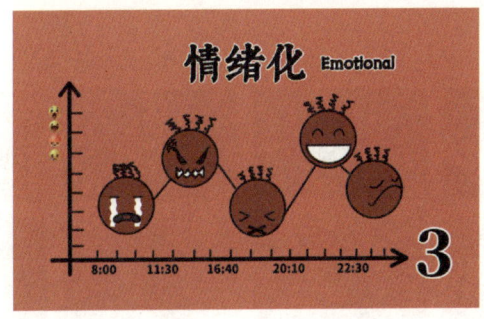

卡牌教练对其中一人说："你是一个情感很丰富的人，很容易受别人的影响，虽然你很想在工作中排除情绪的干扰，专心做事，但还是难免感情用事。"

卡牌教练对另一个人说："你是个清楚知道自己想要什么的人，一旦确定，就会把情感放在一边，并且你特别看不惯那些情绪化和软弱的人。"

其他成员询问他们："你们觉得老师讲得对吗？"

他们不约而同地点头："太对了。""对的，我就是这样的人。"

这就是卡牌的高阶用法，功力水平没达到一定程度的人很难理解，对资深的卡牌教练而言，却很好理解，因为他们不单懂得看牌，更懂得看人，甚至可达到"手中无牌，心中有牌"的至高境界。

问题二：如何快速解决多人的问题？

在一次以个人发展为主题的研讨会上，卡牌教练让十位参会者选出自己的12张牌并排序，并让每人提出一个跟自己有关的问题。结合每人提出的问题，卡牌教练转了一圈，看每个人的牌并以简短的问题与他们互动。

转到一位身材瘦小的男生面前时，他提出的问题是："我该不该跳槽？"

牌面上以红色和绿色居多,唯一的蓝色牌面是"发现问题先研究",没有一张黄色。

再转到另一位胖胖的男生面前时,他提出的问题也是:"我不喜欢现在的工作,但不确定要不要跳槽。"

而他的牌也是红色和绿色居多,只有 2 张蓝色牌面——"悲观"和"发现问题先研究",没有一张黄色。

于是,卡牌教练对这两人问了同一个问题:"你有考虑过,如果跳槽可以跳去哪里吗?"

两人的回答惊人地一致:"没有。"

当两人同时说出答案时,彼此看了一眼,都吃了一惊。

卡牌教练继续追问,原来这两人完全没去想跳槽的目标是什么,只是沉溺于纠结,不断问自己:"该不该跳?"

从卡牌教练的这个问题,引发了两人的思考和周围同学的探讨,最终,两人都洞见到自己。很多时候,一个人无法决策是因为信息还不够多,如果他们可以先规划自己未来的人生,切合实际考虑一下,除了留在原单位,还有哪些可能,最终结果是什么,哪个是自己更想要的,就能更快决策,不再纠结,也不再浪费自己的能量。

问题三:如何发现并解决企业内部的问题?

一位卡牌教练去拜访多年未见的老友,一位企业主。企业主听说卡牌教练会用卡牌给团队成员测试,立刻一把抓住他,请他为自己的员工进行卡牌测试。

这个团队以红色成员居多,大家看到卡牌都觉得有趣,热火朝天地玩起来,每个人摆了一副自己的牌面,相互评点,不亦乐乎。卡牌教练请老板也来摆牌,老板坚决不肯,却不愿走开,盯着员工们的牌看来看去,也觉得很有意思。

于是卡牌教练展露绝活,给员工们一一解读,员工们纷纷说准,其中有两个还泪奔了。

老板:"你们啊,就是脆弱,还好老师来了,给你们开导开导,以后都要坚强点,只要工作业绩上去了,赚到钱了,还怕找不到男人吗?"

卡牌教练:"你说得确实很有道理,体现了黄色性格的优势,以结果为导向。"

老板:"对,我听了半天,就觉得我应该是黄色。"

卡牌教练:"要不咱们用你的牌给大家示范一下,让大家都学习下,增强一点黄色的优势?"

老板同意了。

这一摆,就摆了一副天使牌(全是1分牌和2分牌,没有一张3分牌)。卡牌教练为他解读了一番,说到他的几点突出的优势,他很满意。

于是,卡牌教练启动了第二个环节,同一团队成员相互摆彼此眼中的对方,然后分享为何自己这么选。

这一分享,大家的自我洞见更深了。

其中,有两个心直口快的红色员工,给老板选了同一张牌——批判性强。老板一看,就不说话了,在他自己选的牌面中,并没这张牌。

卡牌教练并未当众说破,而是在解牌结束后,和老板单独聊天。

老板:"我这人心是好的,就是脾气有时候控制不住。这不,小李跟了我两年了,专业水平也很高,我几个月前发现他办事不力,狠狠骂了两顿,他受不住辞职走了,现在到了竞争对手那边,抢了我们好几个生意。"

卡牌教练:"你的黄色优势是大家都需要学习的,这也是大家为什么愿意跟着你干的原因,与此同时,也要考虑到你团队里的红色成员比较多,他们都很在意别人的认可,有时候认可给足了,哪怕少给点钱他们都乐意。"

老板:"是的,这帮人真的是这样,你说得太对了,他们就是盼着我夸他们。"

卡牌教练:"是的,所以在他们眼中,你黄色的'批判性强'是他们最敏感也最在意的,如果能够适当修炼一下,你就是完美的老板了。"

老板也不好意思地笑了。

过了两个月,卡牌教练又去拜访这家企业,发现老板春风满面,员工的氛围也格外轻松。老板告诉他,那次团体卡牌后,大家约好一起修炼,团队氛围越来越好,他也不怎么批评了。

问题四：如何快速凝聚陌生群体？

团体卡牌的重要功能之一，是不仅让卡牌教练（引导者）走进每一位成员的内心，更可让素不相识的人瞬间成为知音。

一次性格色彩色友的同城聚会，十几名卡牌咨询师围坐在一起，主持人请他们每人选出一张最符合自己的牌，并且分享为什么这么选。

其中一人选了"乐观"。

她说："我有一个弟弟，从小爸妈就比较重男轻女，有什么好东西都给弟弟。我在学校受欺负，回家跟爸妈哭诉也没用，弟弟一旦有点磕磕碰碰，全家人就紧张得不得了。虽然我从小受到关注比较少，内心也不快乐，但我还是觉得，乐观很重要，所以，在我成长过程中，我始终让自己保持乐观，再难的事，也要笑着面对。"

当她讲述自己的故事时，对面的一个女孩掉下了眼泪，原来，她也有类似经历，但不同的是，她选择了"悲观"作为代表自己的牌。

两人相互分享了很多，活动结束后，她们成了无话不谈的朋友。

问题五：如何加强企业文化和向心力？

一次企业内训，一位性格色彩讲师帮助一家企业的核心管理层小团队做卡牌，帮助他们相互了解，加强团队链接。

他让每位团队成员选一张最能代表自己的卡牌，放在桌子中间，大家一起来创意，摆出任意一个图形代表整个团队。一下子，教室里热闹了起来，有几位团队成员争先恐后地提出创意，也有人微笑不语。一番闹腾，众人摆出了心形的图案。

负责介绍这个图案的代表说："我们最终确定摆心形，是因为我们觉得我们是一个有爱的群体，大家和谐共进，即便有不同色彩、不同声音，相互间也能很好地包容彼此。"

她说完，每个成员也做了分享。轮到那位摆出"静待问题过去"的同事分享时，她竟哭了："过去半年，我因为家里出事，工作上没法全力配合，很多事情都是先放着，没有积极推进，内心很惭愧。但今天这个团队卡牌，大家一致决定把我放在C位，也就是心尖，还说要好好保护我，我真的很感动。"

在她的带动下，团队其他成员也很动情，彼此诉说了很多，这次活动结束后，大家的情感更进了一层。

团体卡牌的运用秘诀

如果学会前面几节所有用法，在团体中同时跟多人玩，就算是做团体卡牌吗？那团体卡牌岂非很简单？

其实，当你真正实践时就会发现，从给一个人解读一副牌，到同时给十个人解读10副牌，难度的升级，绝不仅仅是上十个台阶而已。

因为当你面对多人时，眼观六路，耳听八方，你需要有极强的观察力和倾听力，更重要的是，你需要具备足够深厚的理论功底和分析技巧，才有可能应对多种复杂情况。一对多的时候，你给其中任何一人解读时的小失误，都可能会被围观的其他参与者放大，从而对你不信任，导致团体卡牌失败。

所以，真正的秘诀，在于系统化学习性格色彩卡牌的理论根基和全套方法，且经过足够多的实践，直至达到"运用之妙，存乎一心"的境界。

附一　性格色彩系列课程介绍

性格色彩识人（I 阶）

性格色彩识人，一个普罗大众的实用心理学课程，简单易懂，快速上手，不需任何心理学背景，便可掌握"看谁看懂"的方法。

本课程是性格色彩学普及最广最经典的实用课程。内容包括：性格识人和卡牌识人。

1. **性格识人**：学会快速分辨四种不同性格，及如何用适合不同性格方法搞定他们。
2. **卡牌识人**：学习 12 张卡牌三分钟了解任何一个人，并且快速建立你想要的人际关系。

通过学习性格色彩识人，你可：
行走天涯，会识人，可辨人善恶，以免遭人所害；
投资管理，会识人，可知人善任，提前布局先机；
自由创业，会识人，可预判诚信，早早避雷防坑；
职场打拼，会识人，可如鱼得水，诸事事半功倍；
你情我爱，会识人，可觅得良人，谨防遇人不淑；
亲子教育，会识人，可因材施教，成就卓越父母。

课程时长：三天两夜。

性格色彩读心（II阶）

本课程囊括了性格色彩最核心的专业——了解自己及他人行为背后的动机，并且系统地学习针对不同性格的人进行沟通的钻石法则、个性修炼的方法、卡牌12张牌读心和三大关系牌阵的应用，成为能帮助他人解决个人成长以及人际关系问题的卡牌咨询师。

卡牌12张牌读心的应用是一门快速、神奇、精准的识人训练课程。

性格色彩卡牌咨询师可以自主从业，也可以将自己原本的行业嫁接到卡牌咨询，通过资格认证后成为性格色彩卡牌咨询平台——性格色彩卡牌星球的注册咨询师，接单获得收益。

本课程专业部分学习内容包括：
一、对自我的深度洞见之旅；
二、如何瞬间洞察多种色彩混合的个体；
三、性格组合与碰撞的规律；
四、如何搞定你想搞定的人；
五、如何修炼个性成为更好的自己。

性格色彩卡牌是取得国家发明专利的一项神奇的心理学工具。相应地，运用卡牌工具的高手即卡牌咨询师。本课程卡牌部分，可教会你熟练运用《性格色彩卡牌指南》的专业原理，学会用一副牌看透人心和用两副牌搞定关系的功法。

教学内容：
一、快速识卡牌
　　1. 卡牌每一张牌面的标准定义及解释

  2. 卡牌的原理

  3. 读牌基本功练习

二、解牌及咨询标准流程

  1. 解牌六部法

  2. 咨询四步法

  3. 多维度立体读牌法

  4. 矛盾牌与真假牌——直指人心的快车道

三、十种一眼看透的牌型

  1. 十种经典牌型

  2. 经典案例大放送

  3. 经典话术大放送

课程时长：三天。

性格色彩 III 阶课程介绍

  本课程囊括性格色彩卡牌三大关系牌阵的应用，让卡牌师更大限度发挥专业功力，找到解决三大关系——职场关系、情感关系、亲子关系问题的方法，从而成为可以帮助他人深度咨询和解决问题的卡牌咨询师。

教学内容：

一、站在高处看卡牌

  1. 卡牌图画背后隐藏的秘密

  2. 通过卡牌理解不同性格的价值观

3. 卡牌词义辨析——不同性格对卡牌词语的理解

4. 卡牌咨询八字诀

二、以问题为导向的卡牌分析法

1. 以卡牌为镜——发现问题根由

2. 卡牌双人舞——找到冲突源头

3. 借力修炼——拟订修炼计划

4. 翻牌有术——根据情况灵活支招

三、卡牌咨询标准流程

1. 卡牌性格解析标准流程

2. 以问题为导向的卡牌解析流程

3. 卡牌咨询报告及标准流程

4. 卡牌在线咨询标准流程

四、快速与深入解读卡牌的奥秘

1. 如何秒懂你的提问者

2. 卡牌组合的规律与反例

3. 如何用最少的牌读懂最多的人

4. 如何从卡牌中寻觅问题的源头

五、万用关系牌阵

1. 职场关系牌阵及工作应用

2. 亲子关系牌阵及家庭应用

3. 情感关系牌阵及两性应用

六、卡牌咨询师展业

1. 付费卡牌咨询实战操作流程

2. 卡牌咨询的行业应用

3. 优秀卡牌咨询师展业经验分享

课程时长：三天。

附二　性格色彩卡牌星球介绍

性格色彩卡牌星球是性格色彩官方平台唯一指定的性格色彩卡牌咨询平台，集卡牌测试、卡牌解读、卡牌咨询为一体，也是性格色彩官方认证的性格色彩卡牌咨询师交流互动平台。

在平台上，你可以：

- 领取免费性格测试，在线完成12张牌读心、职场关系牌阵、情感关系牌阵、亲子关系牌阵四大经典卡牌测试；
- 获得12张牌读心的自动解读报告，并可预约在线卡牌咨询师获得四大经典卡牌测试的免费解读；
- 预约资深卡牌咨询师在线咨询，解决你的人际关系问题。

附三　乐嘉与性格色彩大事记

2000 年

· 乐嘉研发的"FPA®（Four-colors Personality Analysis）性格分析与沟通"企业培训课程面世。

2001 年

· 创立"性格色彩钻石法则®"理论。

2002 年

· 乐嘉学习魔术时，受"四布合一布"启发，创立"FPA® 性格色彩"。

2003 年

· 创立"性格色彩本色论"和"性格色彩动机论"。

2004 年

· "性格色彩讲师与咨询师"首期课程举办，开始建立性格色彩传播团队。

2005 年

· 为让性格色彩更易传播，寓教于乐，乐嘉发明了"性格色彩扑克牌"，取得国家专利。

2006 年

· 乐嘉的第一本书，也是性格色彩学第一本著作《色眼识人》出版，上市后，即成为当当网社科榜畅销书，连续在榜 107 周。

2007 年

· 性格色彩英文商标正式使用"Personality Colors®"替代"FPA®"。

· 乐嘉任 CCTV2《商务时间》节目嘉宾，首次亮相电视节目，用性格色彩分析名人。

2008 年

- 正式确立性格色彩四大研究领域——"洞见＋洞察＋修炼＋影响"，完善了性格色彩学的理论体系架构，奠定了性格色彩与其他性格分析工具的核心差别。
- 乐嘉将性格色彩应用到学校教育，为深圳的1200名中小学校长及幼儿园园长进行了"因人而异，因色施教"的性格色彩教师培训。
- 乐嘉被聘为西北大学管理学院客座教授，为EMBA讲授"性格色彩领导力"。

2009 年

- 性格色彩讲师团队为全球500强罗氏制药和上市公司百丽集团内训，累计各自超过50场。在领导力、团队管理和销售培训领域，性格色彩成为知名企业核心课程。
- 性格色彩成为华东理工大学MBA选修科目。
- 乐嘉在武汉大学做"性格色彩心理咨询技术运用"培训，同年，任湖北省心理咨询师协会高级顾问，性格色彩正式进入心理咨询领域。

2010 年

- 乐嘉任江苏卫视《非诚勿扰》心理专家，此后，连续三年，该节目成为家喻户晓的品牌综艺，保持中国常态综艺节目收视率第一。

2011 年

- 乐嘉任江苏卫视《老公看你的》节目主持人（全国卫视每周五收视率第一）。
- 乐嘉任江苏卫视《不见不散》节目主持人（全国卫视每周一收视率第二）。
- 乐嘉连续两年举办"嘉讲堂"全国大学校园"性格色彩与人生规划"巡回演讲。
- 《跟乐嘉学性格色彩》出版，销售量逾200万册，获年度非虚构类图书全国第一。

2012 年

· 乐嘉在悉尼市政厅举办性格色彩演讲，创澳洲华人演讲最多听众纪录。

· 乐嘉在温哥华剧院举办性格色彩演讲，创加拿大华人演讲最多听众纪录。

· 乐嘉被聘为河海大学客座教授，讲授"性格色彩与主持艺术"。

2013 年

· 乐嘉任深圳卫视《别对我说谎》主持人（播出一集后收视率从第14位升到第3位）。

· 乐嘉任国内首档性格色彩综艺谈话节目——深圳卫视《夜问》主持人。

· 乐嘉《本色》出版，年度销售逾150万册。

· 乐嘉连续三年共6季任安徽卫视《超级演说家》和北京卫视《我是演说家》的常驻演讲导师，成为中国颇具影响力的演讲导师。

2014 年

· 由乐嘉主编、乐嘉学员共同主创的性格色彩应用书系《色界》三本陆续出版，丛书涵盖性格色彩学在不同行业的实战运用。

· 由乐嘉学员所著的《性格色彩品红楼》《性格色彩品三国》《性格色彩观电影》等性格色彩主题图书出版。

· 乐嘉任CCTV1名人访谈节目《首席夜话》主持。

2015 年

· 应剑桥大学彭布罗克学院邀请，乐嘉做题为"性格色彩与全球文化"的演讲，创剑桥大学华人演讲最多听众纪录。

· 乐嘉首档性格色彩脱口秀节目《独嘉秘籍》，在优酷视频上线。

· 性格色彩划时代的工具——"性格色彩卡牌"诞生。

· 乐嘉独创的演讲秘籍正式诞生。

2016 年

· 乐嘉主讲的性格色彩音频，上线两小时即销售1万份，在喜马拉雅心理付费节目连续三年排行第一。

- 乐嘉连续两年任全国首档大型创业投资节目——湖北卫视《你就是奇迹》的嘉宾主持人。
- 乐嘉被聘为上海大学温哥华电影学院客座教授。

2017 年

- "性格色彩卡牌师"和"性格色彩卡牌大师"两门课程诞生。
- 乐嘉开始连续三年任"团中央全国中学生演讲大赛"评委团主席。

2018 年

- 乐嘉在喜马拉雅推出"性格色彩婚恋宝典"音频课程,创情感类课程排名第一。
- 乐嘉在蜻蜓FM推出"性格色彩亲子宝典"音频课程,创亲子类课程排名第一。
- 乐嘉任天津卫视《创业中国人》嘉宾主持人。

2019 年

- "性格色彩读心之道"线下课程大规模举办,乐嘉开始每月亲自讲授普及课程。
- 乐嘉连续两年任广东卫视创投节目《众创英雄汇》的心理专家。

2020 年

- 乐嘉的说话宝典——"用说话掌控人生"音频课程登陆蜻蜓FM,创口才类课程排名第一。
- 乐嘉发明"小六演讲法",与2015年创立的"大六演讲法",合称"六字演讲"。

2021 年

- 乐嘉性格色彩线上视频训练营启动,学员一年过200万,创全网心理类视频课程排名第一。
- 性格色彩认证的卡牌师和卡牌大师达3000人,接受卡牌评测人数过300万人,其中卡牌付费咨询人数近30万。

2022年

·数年来多次闭关，将二十年研究积淀重新整理，精修增补，并潜心写作新著。自2022年起，在2025年底前，将陆续完成性格色彩系列21本新版及新创专著出版。其中包括，经典系列4本：《跟乐嘉学性格色彩》《性格色彩原理》《性格色彩识人》《性格色彩卡牌指南》；宝典系列8本：《性格色彩单身宝典》《性格色彩恋爱宝典》《性格色彩婚姻宝典》《性格色彩职场宝典》《性格色彩亲子宝典》《性格色彩销售宝典》《性格色彩说话宝典》《性格色彩教育宝典》；应用系列2本：《性格色彩360行》《性格色彩72变》；演讲系列2本：《六字真言演讲法》《培训的艺术》；个人系列5本：《本色》《至暗》《小乐子的人生智慧》《性格色彩随笔》《性格色彩禅》。

（全书完）

性格色彩卡牌指南

作者 _ 乐嘉

产品经理 _ 余小山　　技术编辑 _ 丁占旭
责任印制 _ 梁拥军　　出品人 _ 曹俊然

营销团队 _ 元寸　士土　　物料设计 _ 杨杨

果麦
www.guomai.cn

以 微 小 的 力 量 推 动 文 明

图书在版编目（CIP）数据

性格色彩卡牌指南 / 乐嘉著. -- 西安：太白文艺出版社，2024.1

ISBN 978-7-5513-2464-9

Ⅰ.①性… Ⅱ.①乐… Ⅲ.①性格—通俗读物 Ⅳ.①B848.6-49

中国国家版本馆CIP数据核字(2023)第203763号

性格色彩卡牌指南
XINGGE SECAI KAPAI ZHINAN

作　　者	乐　嘉
责任编辑	党晓绒
装帧设计	容　宇
出版发行	太白文艺出版社
经　　销	新华书店
印　　刷	北京世纪恒宇印刷有限公司
开　　本	710mm×1000mm　1/16
字　　数	184千字
印　　张	14.75
版　　次	2024年1月第1版
印　　次	2024年1月第1次印刷
印　　数	1—5,000
书　　号	ISBN 978-7-5513-2464-9
定　　价	78.00元

版权所有 翻印必究

如有印装质量问题，可寄出版社印制部调换

联系电话：029-81206800

出版社地址：西安市曲江新区登高路1388号（邮编：710061）

营销中心电话：029-87277748　029-87217872